봉제 기초에서 리폼까지

옷 수선 스쿨

윤희경 저

예신 Books

머리말

　의복과 관련된 분야에서는 스승이 제자를 기초부터 엄하게 훈육하고, 제자는 오랜 기간 스승의 전문지식과 경험을 전수받는 도제식 교육(apprenticeship)이 주로 이루어졌습니다. 오늘날은 시대 변화에 따라 의복이 자신을 표현하는 외적인 도구가 되었고, 의복과 관련된 다양한 직업이 생겨났습니다. 그리고 옷 수선과 리폼을 취미로 배우고 싶어 하는 사람들도 많이 늘었습니다. 일대일의 도제식 교육만으로는 이를 배우려는 사람들의 요구를 뒷받침할 수 없게 되었고 또한 참고할 만한 교재나 정보가 많지 않은 것도 현실입니다.

　이 책은 기초 이론을 바탕으로 정석적인 기술을 통해 옷 수선 원리를 이해하고, 현장 트렌드를 반영한 새로운 방법을 수록하여 바느질에도 트렌드가 있음을 보여줍니다. 그리고 보다 체계적인 학습을 위해 국가직무능력표준(National Competency Standards)의 내용을 세분화시켜 학생이나 일반인 누구나 쉽게 보고 따라할 수 있도록 구성하였습니다. 유행이 변하고, 체형이 변해서 입지 못하고 쌓여 있는 옷을 자신만의 디자인으로 새롭게 리폼했을 때의 모습은 상상만으로도 벅찬 일입니다.

　바라건대 저자의 노하우가 집약된 이 책이 당당한 직업인을 꿈꾸는 이들에게는 늘 곁에 두고 보는 수선의 지침서로, 취미로 배우고자 하는 독자들에게는 궁금증을 풀어주는 고민 해결서가 되었으면 합니다.

　끝으로, 이 책을 출간할 수 있게 도움을 주신 도서출판 예신 여러분께 감사를 드립니다. 항상 좋은 에너지와 든든한 지원군이 되어준 가족과 지도해주신 은사님들 그리고 늘 선생님이 최고라 응원해주는 여러 학생들께 감사의 말씀을 전하며 이 글을 마칩니다.

뜨거운 여름이 시작되는 길목에서

저자 씀

차례 CONTENTS

❶ 기초 봉제 및 용어 정리

❷ 손바느질 기초(끝마무리 작업)

❸ 기초 재봉 및 부자재 교체하기

❹ 하의 수선하기

❺ 상의 수선하기

❻ 리폼(아이템, 디자인 변경하기)

부록 패턴 활용

기초 봉제 및
용어 정리

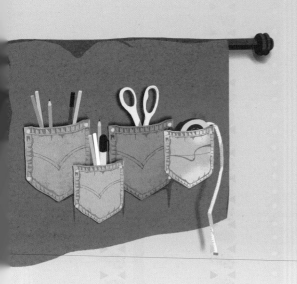

옷 수선 도구

줄자 치수를 잴 때 사용하며, 한 면은 인치(inch), 한 면은 센티미터(cm)이다.

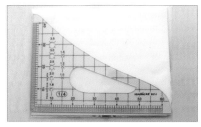

축도자 패턴을 1/4이나 1/5 등의 크기로 축소하여 제도할 때 사용한다.

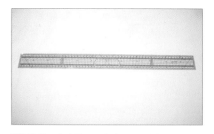

방안자 일정한 간격의 시접선을 그릴 때나 그레이딩할 때 사용하며, 휘어지는 특성이 있어 곡선을 잴 때에는 구부려서 사용할 수 있다.

직각자 패턴을 제도할 때 기초선이나 직각선을 그리는데 사용한다.

곡선자 패턴을 제도할 때 허리선, 옆선, 다트, 칼라 등 곡선을 그리는데 사용한다.

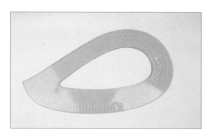

암홀자 패턴을 제도할 때 암홀, 칼라, 프린세스라인 등의 곡선을 그리는데 사용한다.

종이 가위 패턴 등 종이를 자를 때 사용하며, 재단 가위와 혼용하여 사용하지 않는다.

기화펜 재단 시 완성선을 그리며, 공기 중에 두면 하루 이틀 후에 지워진다.

열펜 재단 시 완성선을 그리며, 열이 닿으면 지워진다(다리미나 드라이기 사용).

초자고 초로 만들어진 초크이며, 손에 잘 묻어나지 않으며 열이 닿으면 지워진다.

분자고 겨울 의류 등 두꺼운 옷에 주로 사용하며 털거나 세탁하면 지워진다.

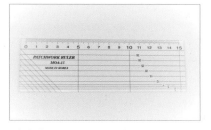

시접자 여러 간격의 시접이 표시된 자로 시접을 그릴 때 사용한다.

송곳 완성선을 옮기거나 옷깃의 끝 등의 세밀한 부분을 표시하거나 이미 재봉된 실을 제거할 때 사용한다.

문진 재단할 때 원단이나 패턴이 움직이지 않도록 한다.

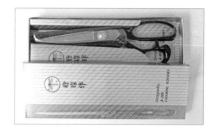

재단 가위 원단을 자를 때 사용하며, 종이 가위와 절대로 혼용하여 사용하지 않는다.

핑킹가위 원단의 시접을 처리할 때 사용하며, 풀리지 않게 지그재그로 잘린다.

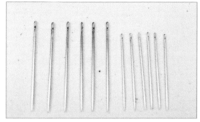

손바늘 손바느질을 할 때 사용하며 바늘의 굵기가 다양하다.

시침핀 봉제나 재단 시 패턴이나 원단을 고정시킬 때 사용한다.

핀봉 핀이나 바늘을 꽂아두는 용도로 사용한다.

재봉사 재봉할 때 사용하는 실이며 면, 견, 마, 합성섬유 등의 소재가 있다.

쪽가위 봉제 시 실을 자르거나 실밥을 제거할 때, 가윗밥을 줄 때 사용한다.

골무 손바느질을 할 때 손을 보호하기 위하여 착용한다.

시침실 가봉이나 실표뜨기할 때 사용하며 노치, 단추와 주머니 위치 등을 표시한다.

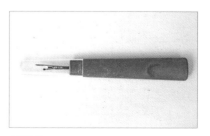

실뜯개 박음질된 실을 뜰 때 사용한다.

드라이버 재봉틀의 바늘이나 노루발을 교체할 때 사용한다.

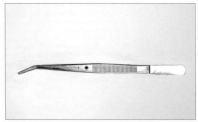

핀셋 오버로크를 사용할 때 실을 끼우는 데 쓰인다.

재봉바늘 재봉틀용 바늘로 원단의 두께에 따라 다른 굵기를 사용한다. 블라우스나 원피스 등의 얇은 원단에는 9호, 면 등의 일반 원단에는 11호, 청바지, 코트 등 두꺼운 원단에는 14호 바늘을 주로 쓴다.

오버로크 바늘 오버로크 재봉틀용 바늘이며 주로 14호를 사용한다.

북과 북집 북은 밑실을 감는 용도로 쓰이며, 북집은 그 북을 끼우는 용도로 사용한다.

자석받침 스티치 간격 조절기이며 재봉할 때 일정한 시접의 넓이를 봉제할 수 있도록 사용하며 노루발 옆에 부착한다.

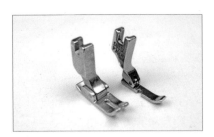

노루발 재봉틀에서 바늘이 오르내릴 때, 원단이 밀리지 않도록 알맞게 잡아주는 역할을 한다.

바이어스 테이프 사선(바이어스) 방향으로 재단되어 있으며, 곡선 라인을 살려줄 때 사용한다.

암홀 테이프 재킷, 코트 등의 암홀 부분에 붙여서 사용하며 원단이 밀리지 않도록 한다.

식서 테이프 식서 방향으로 재단되어 있으며, 지퍼가 달리는 위치나 벨트 등 원단이 늘어나지 않도록 하는 부분에 사용한다.

접착 심지 지퍼 부착 부분, 트임 부분 등 원단의 늘어짐을 방지하기 위하여 사용한다.

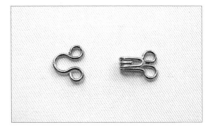

걸고리 여밈 처리에 사용되며 종류와 색상이 다양하다.

훅 앤 아이 여밈 처리에 사용되며 종류와 색상이 다양하다.

스냅 수단추와 암단추가 있어 눌러 맞추어 여밈 처리를 하며 종류와 색상이 다양하다.

단추 여밈 처리에 사용되며 종류와 색상이 다양하다.

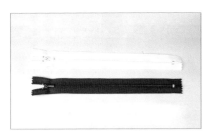

양면 지퍼 봉제 시 겉으로 드러나는 지퍼이며 주로 바지 등에 쓰인다.

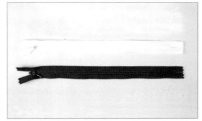

콘솔 지퍼 봉제 시에 솔기 속에 감추어 겉에서 보이지 않는 지퍼이다. 주로 스커트나 원피스 등에 쓰이며 콘솔 지퍼 전용 노루발을 사용한다.

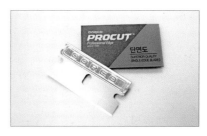

단면도 이미 봉제된 부분을 뜯을 때 사용한다.

다리미 열을 이용하여 원단을 펼 때 사용하며, 의복을 제작할 때 원단의 종류에 따라 알맞은 온도로 사용하도록 한다.

우마 목둘레, 스커트나 바지 옆솔기 등 곡선 부분을 다림질할 때 사용한다.

데스망 소매를 다림질할 때 사용한다.

소재에 따른 재봉 방법과 다림질 온도 설정

소재	다림질 온도	재봉바늘	재봉사
면, 마	180~210도	11, 14, 16호	면사, 폴리에스테르사
울	140~160도	11, 14, 16호	폴리에스테르사
견	130~140도	7, 8, 9호	견사
나일론, 아크릴	80~120도	9, 11호	견사, 폴리에스테르사
레이온	140~160도	11, 14호	견사, 폴리에스테르사
혼방 소재	저온	11, 14호	면사, 폴리에스테르사

재봉기 사용법

1 윗실 끼우기

1 실걸이대 구멍의 뒤에서 앞으로 실을 보낸다.

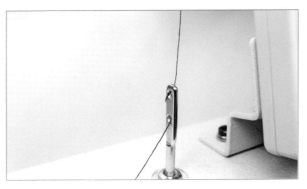

2 실가이드 1의 구멍 2개 모두 오른쪽에서 왼쪽으로 통과 시킨다.

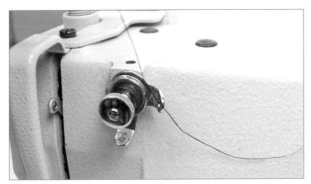

3 실가이드 2의 첫 번째 구멍을 오른쪽에서 왼쪽으로 통과 시킨다.

4 장력 조절 원판 가운데에 실을 끼우고 두 번째 구멍을 위 에서 아래로 통과시킨다.

5 윗실장력조절기 원반 사이에 실을 끼우고 실걸이에 걸어 준다.

6 실가이드 3에 오른쪽에서 왼쪽으로 실을 걸어 위로 올린다.

7 6번에서 올린 실을 사진과 같이 아래에서 위로 통과시킨다.

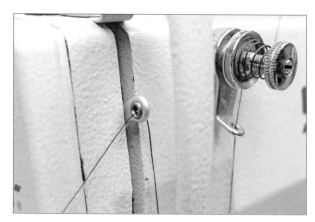

8 실채기 구멍을 오른쪽에서 왼쪽으로 통과시킨다.

9 8번에서 나온 실을 사진처럼 위에서 아래로 통과시킨다.

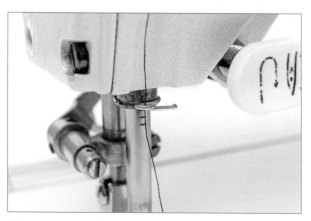

10 9번에서 나온 실을 사진처럼 위에서 아래로 통과시킨다.

11 실을 바늘구멍의 왼쪽에서 오른쪽으로 끼워준다.

2 밑실 감기 ★ 반드시 재봉틀 전원을 끄고 시작한다.

1 실걸이대에 걸린 실을 재봉틀 오른쪽에 있는 실가이드 구멍 위에서 아래로 통과시킨다.

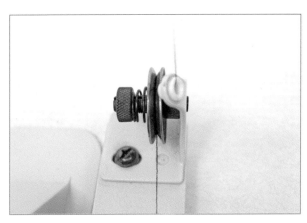

2 장력 조절 원판 가운데로 실을 끼워서 통과시킨다.

3 밑실 감는 축에 북을 끼운다.

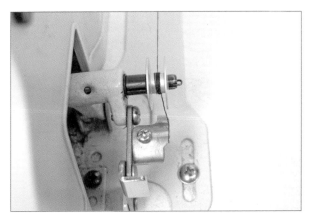

4 실을 여러 번 감아준다.

5 누름대를 뒤로 누른다.

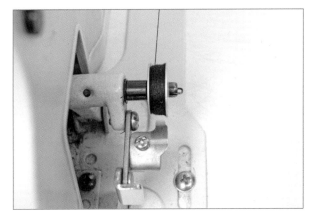

6 전원을 켜고 노루발을 살짝 든 상태에서 발판을 밟아 실을 감는다.
★ 실이 다 감기면 자동으로 누름대가 다시 앞으로 나오며 멈춘다.

3 북집에 북 넣고 재봉틀에 끼우기

1 북집 손잡이를 열어서 단단하게 잡는다.

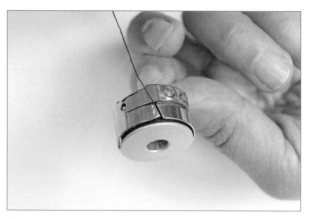

2 북집에 북을 넣고 실을 틈새로 끼워 빼낸다.

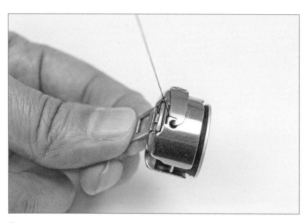

3 틈새로 당겨서 사진에 있는 홈으로 당긴다.

4 재봉틀 아래에 있는 가마에 북집을 끼운다.

5 가마에 북집을 끼워 넣는 모습

6 끼우기를 마친 모습

현장 용어와 순화 표현

1 원단 용어

현장 용어	용어의 뜻	순화 표현
오무데	원단의 겉감	겉감
우라	원단의 안감 ★ 우라까이: 겉과 안의 구분이 어려운 원단에서 안감이 겉으로 재단되는 실수나 사고를 의미한다.	안감(lining)
다대(다데)	세로, 길이를 뜻하며 원단의 경사 방향, 치마나 바지의 옆솔기, 옷감의 날실을 의미한다.	식서
요꼬	가로, 원단의 위사 방향, 옷감의 씨실을 의미한다.	푸서
데끼	시접이 없는 완성 패턴, 알 패턴이라고도 한다.	actual size pattern

2 봉제 용어

현장 용어	용어의 뜻	순화 표현
미쓰마끼	주로 얇은 소재의 블라우스나 셔츠, 스커트 밑단을 세 겹으로 말아 박는 바느질	세겹말아박기
해리	밑단, 목둘레, 암홀, 스커트 허리 등의 가장자리를 처리하는 방법. 동일 혹은 다른 원단으로 바이어스 재단 후 가장자리를 감싸는 봉제를 말한다.	가장자리, 바이어스
하미다시	봉제 후 밖으로 불거져 나온 부분을 말한다. 주로 재킷 등의 가장자리에 장식하는 방법으로 파이핑이라 불리기도 한다.	내밀기
오버록	휘감치기, 푸서박기로 시접의 올 풀림을 방지해주는 재봉	오버로크(overlock)
인터록	얇은 원단의 끝단 처리에 사용한다.	
삼봉	티셔츠 등 잘 늘어나는 소재의 소매나 암홀, 밑단의 시접 처리에 많이 사용한다.	
니혼바리	두 줄로 박음질하는 것을 말하며 주로 두꺼운 캐주얼 바지에 사용한다.	쌈솔
큐큐	한쪽 끝이 둥근 모양인 일자형 단춧구멍으로 주로 재킷이나 코트에 사용한다.	재킷 단춧구멍 (tailored jacket buttonhole)
나나인치	일자형으로 뚫은 단춧구멍으로 주로 블라우스나 셔츠에 쓰인다.	일자형 단춧구멍 (straight buttonhole)

현장 용어	용어의 뜻	순화 표현
간도메= 바텍	여러 번 되박음하는 바느질로 솔기가 풀리기 쉬운 곳이나 주머니 입구 등에 사용한다.	빗장박음, 빗장박기 (bar tack)
하도메 (실아일렛)	새눈처럼 동그랗게 구멍이 나있는 단춧구멍으로 원단에 구멍을 내고 주위에 원형으로 실이나 끈을 일자 혹은 X자로 엮는 방법으로 원단 벨트 구멍 등에 쓰인다.	아일릿 (eyelet)
호시	숨은상침으로 되돌아박기를 하여 고정시키는 재봉 방법. 재킷이나 코트에 사용되며 겉에서 속까지 바느질하고 겉으로 보이는 땀은 아주 작아 의복에 부피감이 생긴다.	숨은상침
스쿠이	시접을 접고 맞대어 양쪽 시접에서 바늘을 번갈아 넣어 땀이 겉으로 나오지 않게 하는 특수한 바느질	공그르기 (blind stitch)

❸ 마무리 작업에 관련된 용어

현장 용어	용어의 뜻	순화 표현
시루시	의복을 재단할 때 봉제의 효율을 위하여 원단에 초크나 가윗밥으로 맞춰야 하는 중요 부분을 표시하는 것. 'notch'라고도 하며 대량 생산에 특히 중요한 작업이다.	표시, 기호 (marked)
조시	실이 박힌 상태를 말하며 윗실과 밑실의 장력 상태를 의미한다.	박음 상태
이세	소매산, 스커트의 배 부분, 프린세스 라인의 가슴 부분, 두 장 소매의 팔꿈치 부분 등 입체감이 필요한 부분에 여유분을 주어 홈질하거나 박아 실을 잡아당기며 수축시켜 봉제한다.	여유분 줄임, 홈줄임(ease)
마도메	마무리, 끝손질을 말하며 단추 달기, 밑단 처리 등의 손으로 하는 작업	마무리, 끝손질
시야게	옷을 완성한 후 끝손질 중에서도 주로 다림질로 모양을 잡아주는 과정	마무리 다림질
노바시	다리미로 옷감을 늘려 원하는 형태로 모양을 잡아주는 과정	늘이기
비리	옷이 맞지 않아 꼬이는 주름을 말한다.	
찐빠	대칭이 되어야 할 부분이 서로 맞지 않게 박아진 경우를 말한다.	짝짝이

❹ 상의 의복 용어

현장 용어	용어의 뜻	순화 표현
우아	겉자락, 겉섶을 말하며 단춧구멍이 뚫어지는 부분	겉자락
시타	여밈이 있는 옷에서 안쪽으로 들어가는 안자락	안자락
에리	옷의 목 주위의 여미는 부분이나 붙어있는 부분	옷깃(collar)

지에리	코트나 재킷의 안 칼라를 말하며 주로 바이어스 재단한다.	아랫깃, 안깃, 밑깃
에리고시	옷깃이 서게 한 부분, 즉 뒷 칼라의 높이(칼라 스탠드). 낮아질수록 라펠이 길어지고, 첫 단추도 내려간다.	
미까시	앞단, 목둘레, 소매 둘레 등의 안쪽을 처리할 때 쓰이는 천으로 주로 겉감과 동일하나, 겉감이 동일할 때는 같은 색의 얇은 천을 쓰기도 한다.	안단(facing)
와끼	옆, 옆솔기, 옷의 옆선을 말한다.	옆솔기(side seam)
사이바	옆길, 절개선을 말하며 프린세스 라인의 패널을 뜻한다. 앞, 뒤가 한 장으로 연결된 것은 통사이바라고 한다.	princess line, side body
후다	주머니 덮개, 즉 뚜껑을 말한다.	플랩(flap)
구찌	'입술'의 일본어가 어원이며 주머니 등의 트임 입구를 말한다.	
학꼬	싱글 웰트 주머니로 슬랙스의 뒷주머니나 블레이저의 윗주머니에 많이 쓰인다.	
가자리	실제로 사용하지 않는 장식의 목적으로 만들어진 가짜주머니나 꾸밈, 장식, 장식 스티치 등을 말한다.	
단짝	옷을 입고 벗기 편하게 하기 위해 트임에 덧붙이는 단으로 블라우스나 셔츠의 양중심에 덧단을 말한다.	덧단
히요꼬	속 단추의 단추집을 말한다.	
낸단분	여밈을 위해 앞이나 뒷중심에서 연장된 여밈분을 말한다.	
겐보루 (견보루)	소매의 트인 부분에 뾰족하게 덧댄 작은 단	뾰족단 (sleeve placket)
쿠사리	실로 루프를 만들어 고정시키는 것. 재킷이나 코트의 옆선에 만든다.	실루프 고정

5 하의 의복 용어

현장 용어	용어의 뜻	순화 표현
오비	허리에 대는 단으로 스커트나 바지의 허리밴드	허리띠
뎅고	스커트나 바지 앞중심에 덧대는 단으로 지퍼 여밈 안에 있다.	
무까데	맞단, 마중천으로 주머니 쪽에 대는 맞은 편의 천	
레지끼 (네지끼)	바지 앞 중심에 주름을 잡아 세우는 것을 말한다.	바지 주름
카브라	커프스(cuffs)의 일본식 발음. 접단이나 끝접기를 말하며, 바지 밑단이나 소맷부리에 쓰인다.	커프스(cuffs), 소맷부리단

손바느질 기초
(끝마무리 작업)

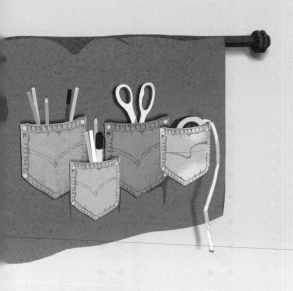

⊞ 홈질(running stitch)

손바느질의 가장 기초이며 두 장을 같이 꿰매거나 솔기나 소매산의 오그림을 해야 할 때 사용하는 방법이다.

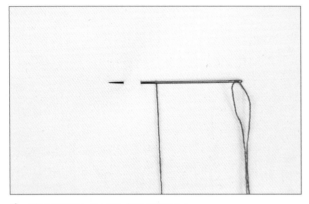

1 진행 방향은 오른쪽에서 왼쪽이다.

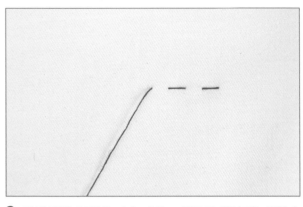

2 땀의 간격과 길이는 0.2~0.5cm 정도로 하여 바느질한다.

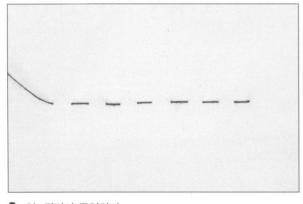

3 앞, 뒷면이 동일하다.

 tip 주름을 잡을 때는 두 줄을 나란히, 촘촘하게 홈질하여 잡아당겨 고르게 잡아준다.

⊞ 반박음질(half back stitch)

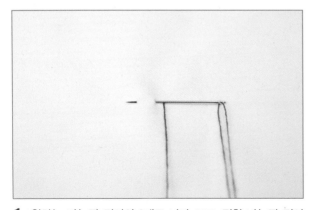

1 원하는 바늘땀 길이의 2배로 나가 뜨고, 정한 바늘땀 길이만큼 뒤로 꽂는다.

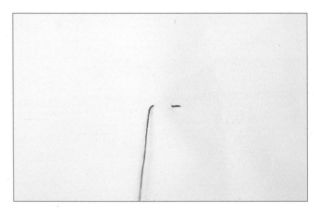

2 꽂힌 위치에서 땀 길이의 3배를 뜬다.

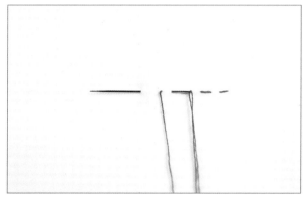

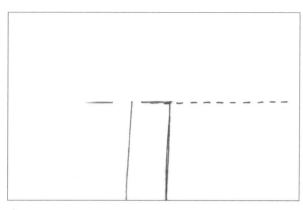

3 땀 길이만큼 뒤로 꽂는다.

4 2, 3번의 과정을 반복한다.

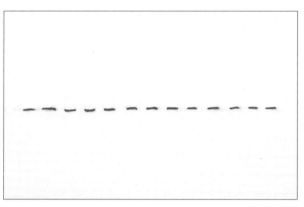

5 완성된 앞면

⊕ 온박음질(back stitch)

가장 튼튼한 박음질로 바늘땀을 뜬 후에 뜬 만큼 다시 되돌려 뜨는 것으로 앞면은 재봉틀 박음질과 같은 모양이다.

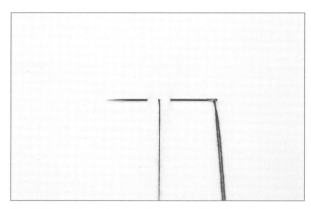

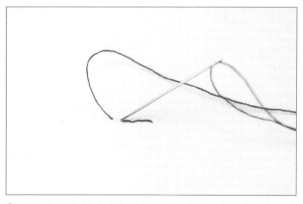

1 원하는 바늘땀의 길이만큼 뜨고 처음 위치에 다시 바늘을 꽂는다.

2 바늘이 꽂힌 위치에서 원하는 바늘땀의 2배로 나가서 뜬다.

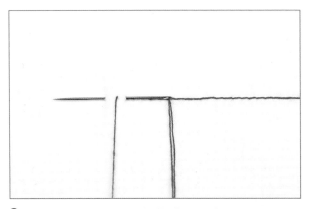

3 바늘이 나온 위치에 다시 바늘을 꽂는다.

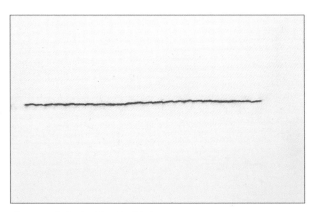

4 2, 3번의 과정을 반복한다.

⊞ 시침질(basting stitch)

두 장의 원단이 밀리지 않게 고정하기 위한 방법이다. 박음질 후에 시침실을 제거한다.

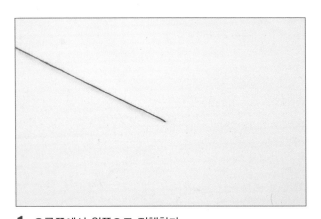

1 오른쪽에서 왼쪽으로 진행한다.

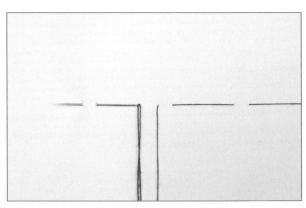

2 땀의 길이는 2∼3cm, 간격은 0.2∼0.3cm로 떠준다.

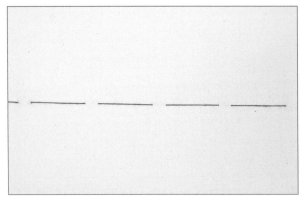

3 1, 2번 과정을 반복한다.

⊕ 상침 시침

한쪽 원단의 시접을 접어서 시침한다. 가봉할 때 사용하는 방법이다.

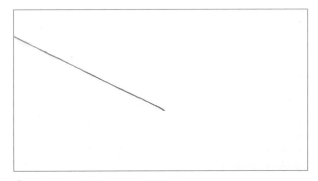

1 오른쪽에서 왼쪽으로 진행한다.

2 땀의 길이는 2~3cm, 간격은 0.2~0.3cm로 떠준다.

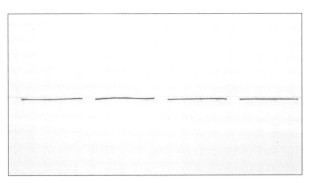

3 시침질과 동일한 방법으로 바느질한다.

⊕ 어슷시침(diagonal basting)

　재봉틀에서 박음질이 끝나고 의복의 형태를 잡아주는 시침 방법으로 주로 재킷의 앞단, 칼라의 앞 중심, 라펠 외곽선 등에 사용한다.

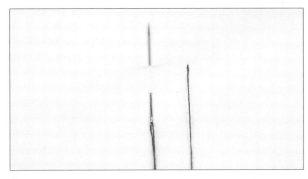

1 바늘을 직각으로 세워 아래에서 위로 0.5cm 떠준다.

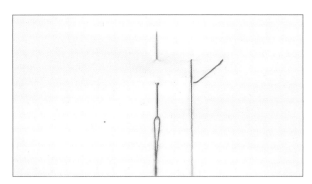

2 아래에서 위로 0.5cm 떠준 뒤 사선으로 1cm 정도 땀으로 내려온다.

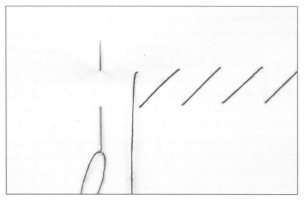

3 1,2번의 과정을 반복한다.

4 완성된 모습

⊞ 팔자뜨기

주로 테일러드 재킷이나 코트의 칼라나 라펠에 심지를 붙일 때 사용하는 방법이다.

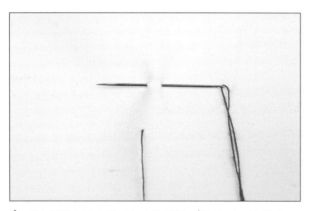

1 어슷시침과 비슷한 방식으로 빗금 모양이 되도록 한다.

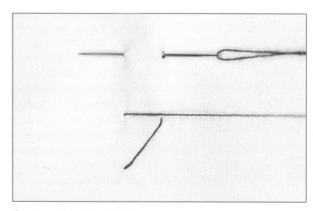

2 1번 과정을 반복한다.

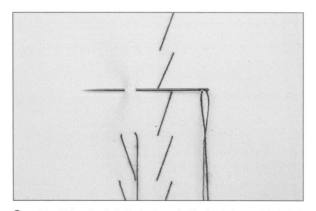

3 어슷시침보다 길이가 더 짧고 팔자(八) 모양으로 완성된다.

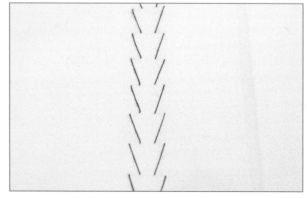

4 완성된 모습

⊕ 실표뜨기(tailored tack)

패턴의 완성선, 주머니나 단추를 다는 위치 등을 표시하기 위해 사용한다.

1 실표뜨기가 필요한 두 장의 재단물을 준비한다.

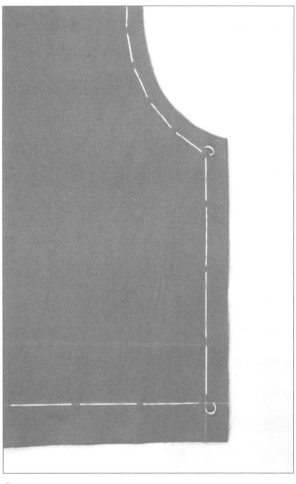

2 직선은 5∼6cm 간격으로 넓게, 곡선은 2∼3cm 간격으로 좁게 시침질한다.

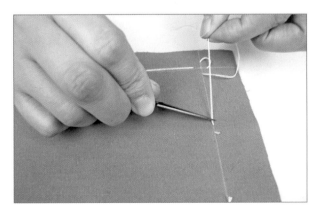

3 시침질한 후 실을 당겨가며 잘라낸다.

4 모서리 부분은 십자(十) 모양으로 한다.

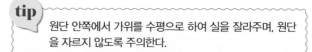

tip 원단 안쪽에서 가위를 수평으로 하여 실을 잘라주며, 원단을 자르지 않도록 주의한다.

5 원단 양쪽을 벌려 가위로 실을 잘라준다.

6 실을 짧게 잘라준다.

7 실이 잘 빠지지 않게 다림질로 눌러 준다.

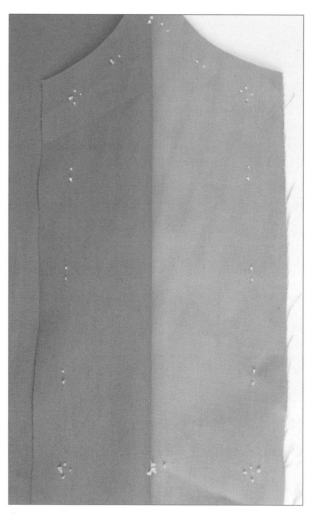

8 완성된 모습

⊕ 휘감치기(overcast stitch)

두꺼운 직물이나 신축성이 있는 원단에 주로 쓰이며, 가름솔이나 재단선의 끝부분과 푸서 방향의 올이 풀리지 않도록 실로 휘감아서 꿰매는 바느질법이다.

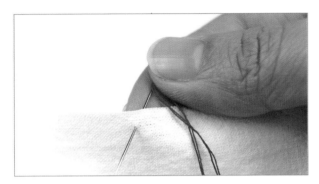

1 실을 시접에 휘감는다.

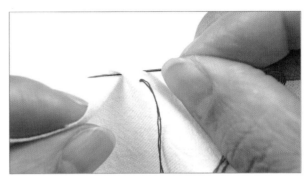

2 시접에 감은 실을 한 바늘 혹은 두세 바늘씩 뜬다.

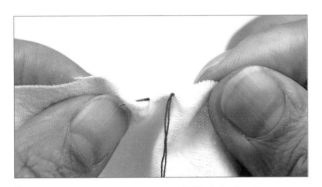

3 올이 잘 풀리는 원단일수록 더 촘촘하게 떠준다.

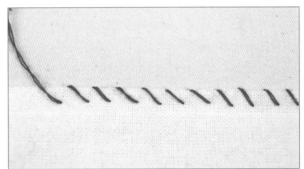

4 완성된 모습

⊕ 새발뜨기(catch stitch)

주로 스커트나 바지의 밑단 처리, 안단을 겉감에 고정할 때 사용하는 방법이다.

1 진행 방향은 왼쪽에서 오른쪽이며, 첫 땀은 안에서 밖으로 바늘을 뺀다.

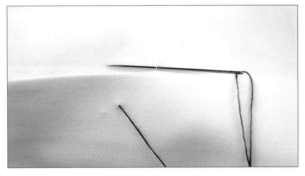

2 사선으로 올라가 오른쪽에서 왼쪽으로 겉감 한 올을 떠준다.

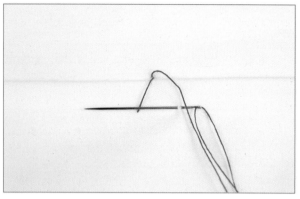

3 사선으로 내려와 오른쪽에서 왼쪽으로 시접단을 떠준다.

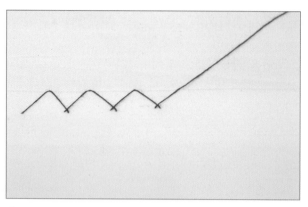

4 다시 사선으로 올라가 오른쪽에서 왼쪽으로 겉감 한 올을 떠준다.

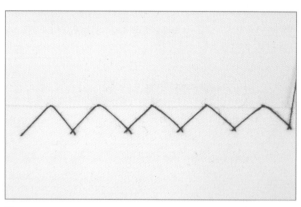

5 완성된 모습

⊞ 공그르기(slip stitch)

스커트나 바지, 소맷부리 등의 밑단이나 안단 등을 마무리하는 방법이다.

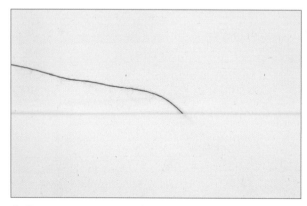

1-1 바늘로 겉감의 한 올을 떠준 뒤 겉감과 시접단 사이로 바늘을 통과하여 1~1.5cm 정도 단을 뜨고 빼낸다.

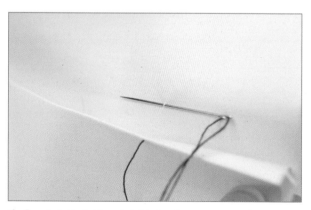

1-2 다시 몸판 안쪽에서 한 올 떠준다.

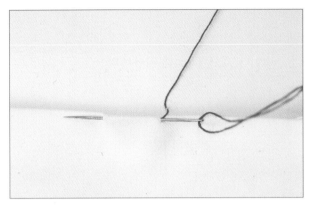

1-3 시접단 속으로 1~1.5cm 정도 단을 뜨고 바늘을 빼낸다.

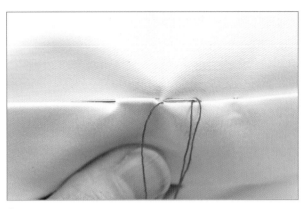

2 1번의 과정을 반복한다.

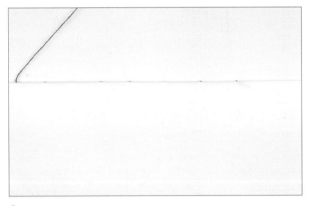

3 안쪽에서 바느질 땀이 보이지 않는다.

4 완성된 모습

⊕ 버튼홀 스티치 준비

1 실을 평평한 곳에 놓고 초칠을 해준다.

2 실이 코팅되도록 다림질한다.

⊕ 버튼홀 스티치(buttonhole stitch)

원단의 가장자리 올풀림을 방지하기 위한 스티치로, 단춧구멍이나 호크를 달 때 사용한다.

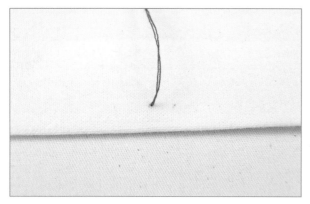

1 바늘을 뒤에서 앞으로 꽂는다.

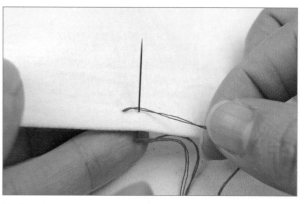

2-1 일정한 간격으로 바늘을 뒤에서 앞으로 꽂는다.

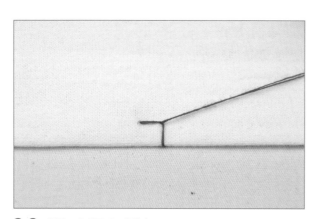

2-2 실을 걷어주며 빼낸다.

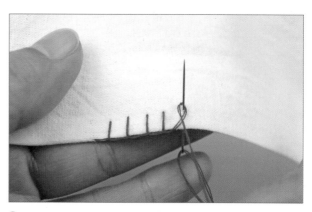

3 2번의 과정을 반복한다.

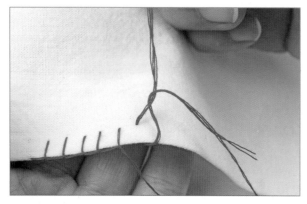

4 앞, 뒷면이 동일하다.

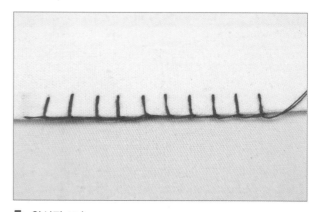

5 완성된 모습

⊕ 버튼홀 스티치 응용

훅 앤 아이(hook & eye)

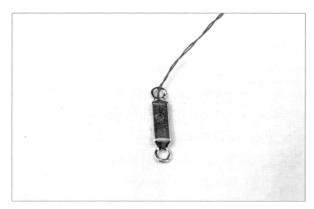

1 구멍 안으로 바늘을 꽂아 넣는다.

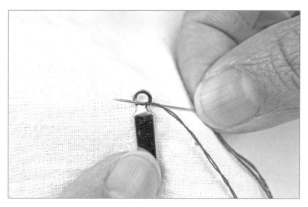

2 구멍 옆에서 구멍 안쪽으로 바늘을 꽂아 넣는다.

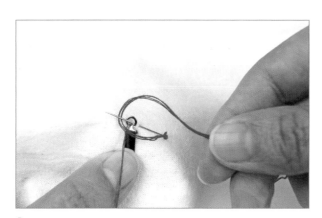

3 바늘이 꽂힌 상태에서 바늘에 실을 돌려준다.

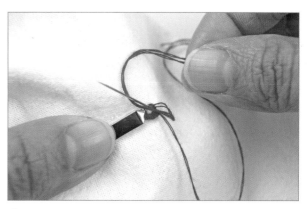

4 실이 걸어진 상태에서 바늘을 몸쪽으로 당겨 매듭을 만든다.

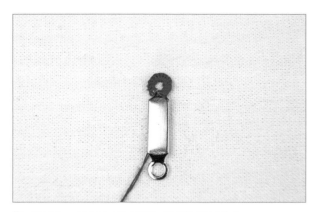

5 방사형 모양으로 반복해서 매듭을 완성한다.

6 완성된 모습

스냅(snap/press button)

걸고리(hanger loop)

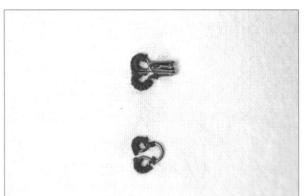

⊞ 단추 달기

1 매듭 지어준 실을 단춧구멍에 통과시켜 단추 아래에서 고리에 걸어준다.

2 약간의 여유를 두고 당겨준다.

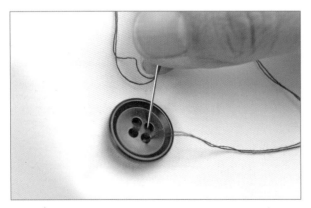

3 11자 혹은 X자로 여러 번 원단에 꿰맨다(단추와 원단 사이에 있는 실에 여유를 준다).

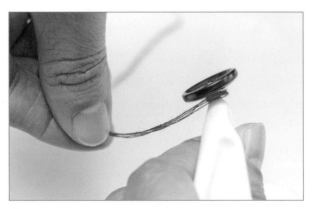

4 3번에서 단추 아래 여유를 준 실기둥에 실을 여러 번 감아준다.

5 실기둥에 실을 여러 번 감아 단추를 고정시킨다.

6 완성된 옆모습

7 완성된 모습

⊞ 실고리 만들기

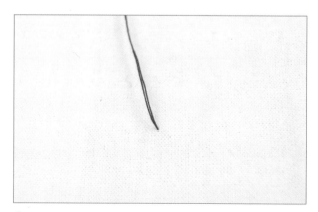

1 뒤에서 앞으로 바늘을 뺀다.

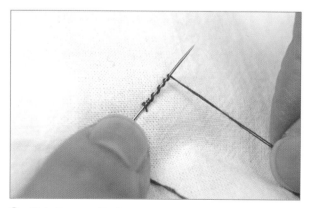

2 원단 쪽으로 바늘을 최대한 가까이 붙이고 실을 여러 번 감아서 빼낸다.

3 만들어진 실고리 길이보다 조금 짧은 길이로 뜨고 마무리 하여 완성한다.

⊞ 실루프 만들기(thread loop)

스커트, 바지, 재킷의 겉감과 안감을 고정하거나, 재킷이나 허리의 벨트 고리 등에 사용한다.

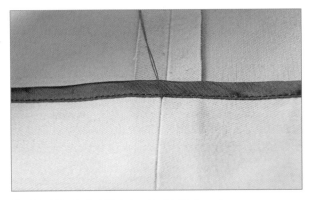

1 첫 땀은 안에서 밖으로 바늘을 뺀다.

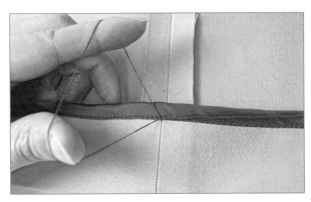

2 왼손으로 실을 한 번 돌려 원을 만든다.

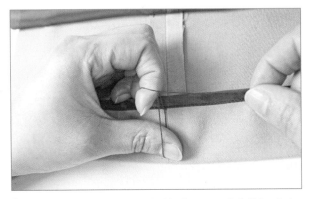

3 바늘을 잡은 오른손의 실을 원 안쪽으로 넣어 왼손 검지로 고리를 만들어 빼면서 첫 매듭을 만든다.

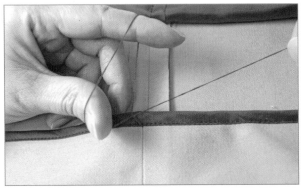

4 검지로 걸어 만들어진 고리로 다시 원을 만들어 동일한 방법으로 매듭을 만든다.

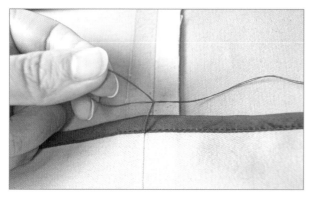

5 원하는 길이가 될 때까지 **4**번을 반복하여 계속 매듭을 만든다.

6 마지막 고리를 매듭짓지 않고 남겨둔 상태로, 연결해야 하는 안감의 시접을 한 땀 뜬다.

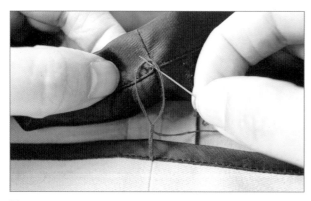

7 고리 사이로 바늘을 넣어준다.

8 실을 끝까지 빼낸 후 안감 원단에서 마무리 매듭을 짓고 실을 자른다.

9 완성된 모습

기초 재봉 및
부자재 교체하기

솔기 처리 방법
뾰족단 달기
재킷 소매 트임

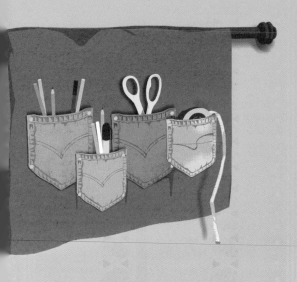

솔기 처리 방법

⊕ 가름솔(plain seam)+핑킹가위

가름솔은 가장 일반적인 솔기 처리 방법이며 어깨솔기, 옆솔기 등에 주로 쓰인다.

1 원단의 겉과 겉을 맞대고 완성선을 박는다.

2 박은 시접을 양쪽으로 갈라 다려서 가름솔 한다.

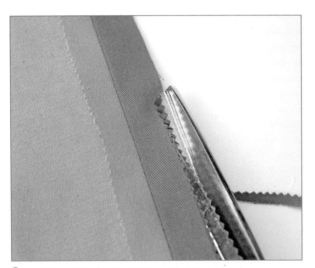

3 시접의 끝부분을 핑킹가위로 잘라준다.

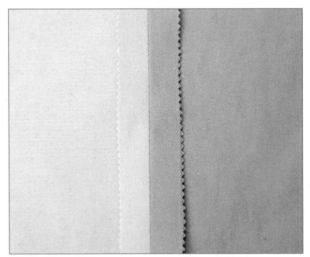

4 완성된 모습

⊕ 오버로크 가름솔(plain seam with overlock)

가장 간단한 가름솔 방법으로 올이 풀리지 않고 깔끔하여 많이 사용한다.

1 원단의 겉과 겉을 맞대고 완성선을 박는다.

2 박은 시접을 양쪽으로 갈라 다려서 가름솔 한다.

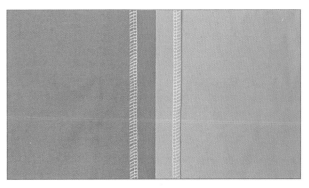

3 양쪽 시접 끝을 오버로크 처리하여 완성한다.

⊕ 접어박기 가름솔(edge finish)

솔기 시접 끝을 안쪽으로 박아 마무리하는 방법으로 간절기 의복이나 안감이 없는 아우터, 점퍼류에 사용한다.

1 원단의 겉과 겉을 맞대고 완성선을 박는다.

2 박은 시접을 양쪽으로 갈라 다려서 가름솔 한다.

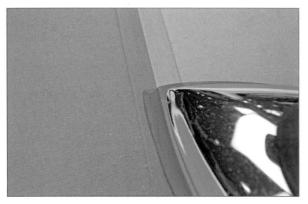

3 시접 끝을 안쪽으로 접어 다림질한다.

4 박음질한다.

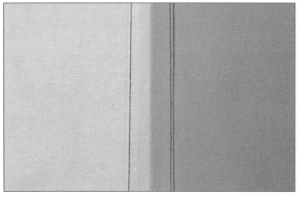

5 완성된 모습

6 접어 박은 시접의 안쪽 모습

⊕ 통솔(french seam)

얇고 비치는 원단의 블라우스, 원피스나 올이 잘 풀리는 옷감의 솔기를 처리할 때 많이 사용한다.

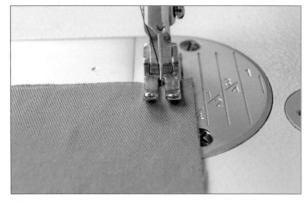

1 원단의 안과 안을 맞대고 박는다.

2 시접을 0.4∼0.5cm 폭으로 자른다.

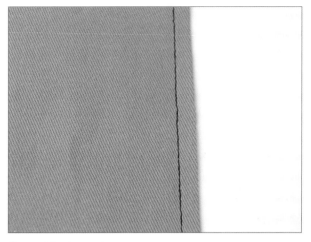

3 시접을 자른 모습

4 시접이 안으로 들어가게 뒤집어 다림질한다.

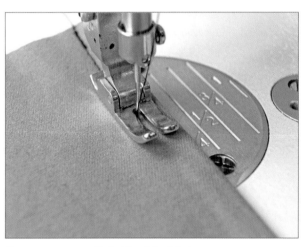

5 0.7cm 폭으로 완성선을 박음질한다.

6 박음질이 된 모습

7 완성된 모습(겉)

8 완성된 모습(안)

⊕ 쌈솔(flat felled seam)

　가장 견고하고 튼튼한 솔기 처리 방법으로 아동복, 작업복, 운동복, 캐주얼 의류 등에 쓰인다. 겉과 안이 모두 깨끗하여 양쪽 모두 사용 가능하고 장식으로도 쓰인다.

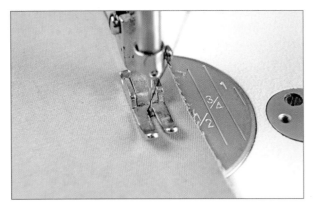

1 원단의 겉과 겉을 맞대고 완성선을 박는다.

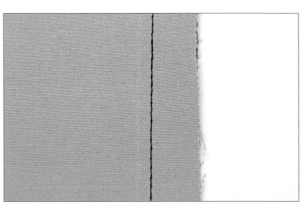

2 완성선이 박음질된 모습이다.

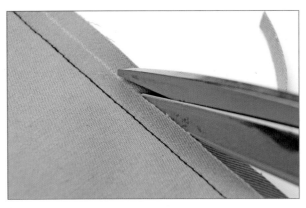

3 넘기고자 하는 쪽의 시접을 0.3~0.4cm 남기고 잘라준다.

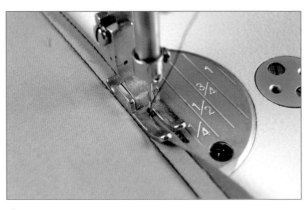

4 넓은 시접으로 **3**번의 시접을 감싸고 시접 끝에서 0.1~0.2cm 폭으로 아래 원단과 함께 박음질한다.

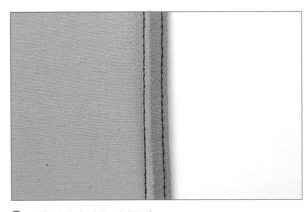

5 박음질된 솔기를 접어둔다.

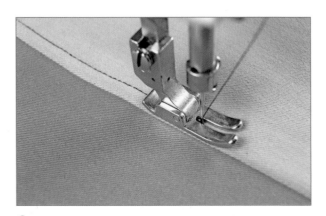

6 접어서 다림질한 뒤 다린 겉에서 상침한다.

7 완성된 앞면

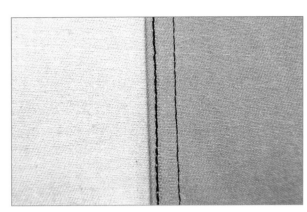

8 완성된 뒷면

⊕ 뉨솔(welt seam)

쌈솔과 비슷한 방법으로 튼튼하게 봉제하거나 장식 효과를 줄 때 사용한다.

1 겉과 겉을 마주대고 완성선을 박음질한다.

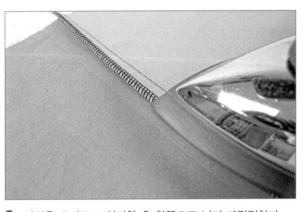

2 시접을 오버로크 처리한 후 한쪽으로 넘겨 다림질한다.

3 겉쪽에서 시접과 몸판을 함께 상침한다.

4 완성된 앞면

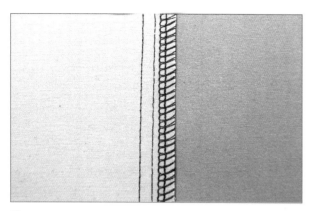

5 완성된 뒷면

⊕ 바이어스 테이프 시접 처리 1(해리) – 시접 정리, 심지 부착하기

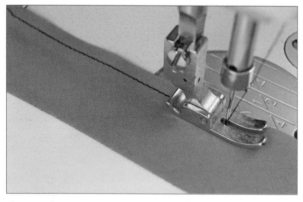

1 원단의 겉에 바이어스 테이프 겉면을 대고 완성선을 박는다.

2 바이어스 테이프를 뒤집는다.

3 뒤집은 바이어스 테이프로 시접의 뒷면을 감싼다.

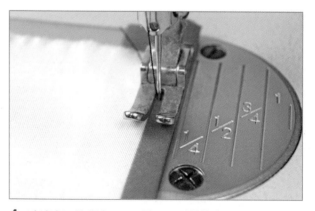

4 바이어스 위에서 0.1cm 폭으로 상침한다.

5 완성된 앞면

6 완성된 뒷면

⊕ 바이어스 테이프 시접 처리 2(랍빠) – 시접 처리, 심지 부착하기

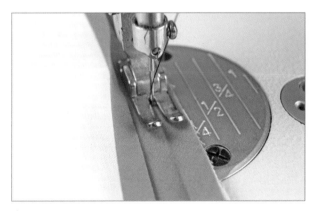

1 원단의 안쪽에 바이어스 겉면을 대고 완성선을 박는다.

2 바이어스 테이프로 시접을 안쪽으로 넣어 감싸준다.

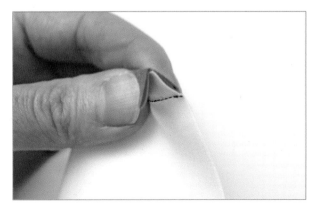

3 1번에서 박은 스티치가 보이지 않게 바이어스를 살짝 얹어 놓는다.

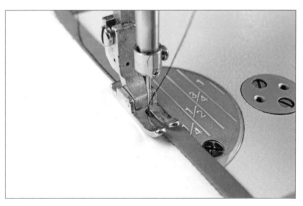

4 바이어스 위에서 0.1cm 폭으로 상침한다.

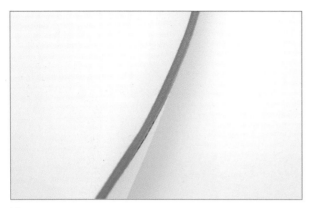

5 완성된 모습

6 완성된 모습(겉)

7 완성된 모습(안)

⊞ 바이어스 테이프 시접 처리 3(인바이어스) – 부위별 분해, 라인 보정하기

1 바이어스 테이프를 안과 안이 만나도록 절반으로 접어 다림질한다.

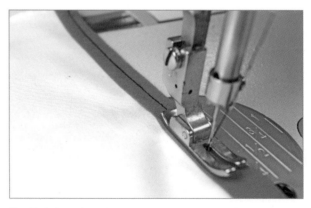

2 원단의 겉에 접어둔 바이어스를 골 방향이 원단 쪽을 향하도록 올려놓고 0.5cm 폭으로 박는다.

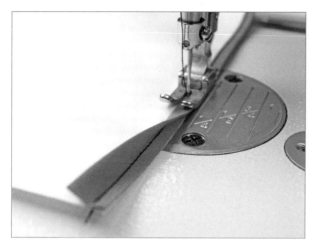

3 시접 쪽으로 넘겨서 끝박음질을 한다.

4 안쪽으로 바이어스를 꺾어준다.

5 겉에서 0.5cm 폭으로 상침한다.

6 완성된 겉면

7 완성된 안쪽

⊞ 양면 지퍼 달기(덧단이 있는 지퍼) – 부자재 교체하기

1 지퍼가 달릴 안쪽 부분에 심지를 붙여준다.

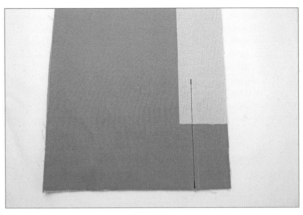

2 지퍼가 달릴 부분은 제외하고 앞중심선을 박는다.

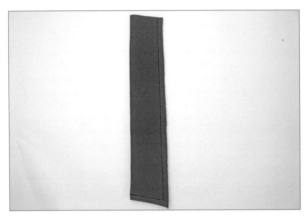

3 사진과 같이 덧단(뎅고)을 만들어준다.

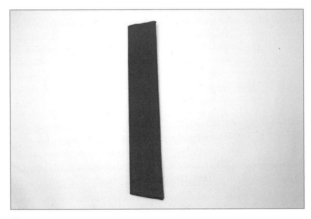

4 뒤집어서 다림질한다.

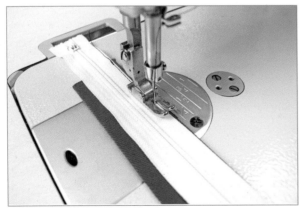

5 지퍼의 오른쪽을 덧단 위에 놓고 박아준다.

> **tip** 끝으로 박아주어야 오랜 착용 시 그 사이로 이물질 등이 끼는 것을 방지할 수 있다.

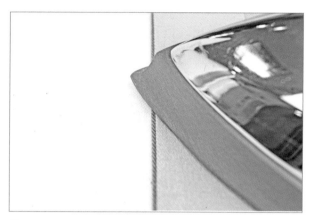

6 왼쪽 시접을 완성선보다 0.2cm 더 내어 다림질한다.

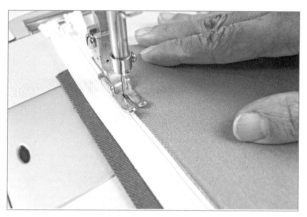

7 덧단에 박음질된 지퍼 위에 다림질한 왼쪽을 놓고 박음질한다.

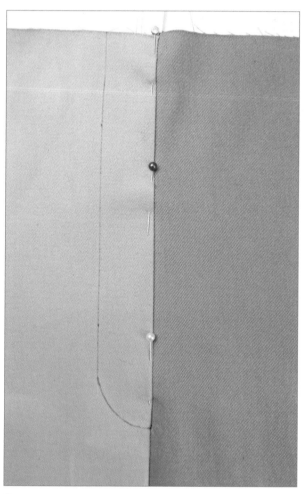

8 오른쪽 앞판이 왼쪽 앞판을 0.2~0.3cm 겹치게 고정한다.

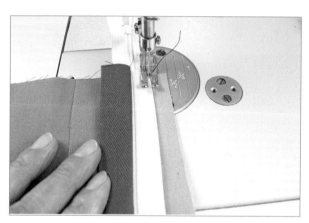

9 덧단이 함께 박히지 않도록 뒤로 넘겨놓고 박음질한다. 오른쪽 앞판 시접과 지퍼를 고정시킨다.

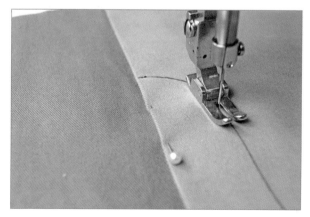

10 겉에서 장식 스티치를 놓는다(안쪽의 덧단을 제껴두고 스티치한다).

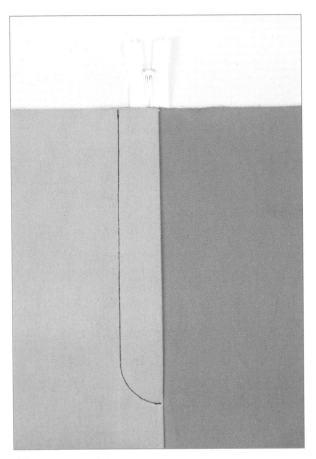

11 완성된 앞면(겉)

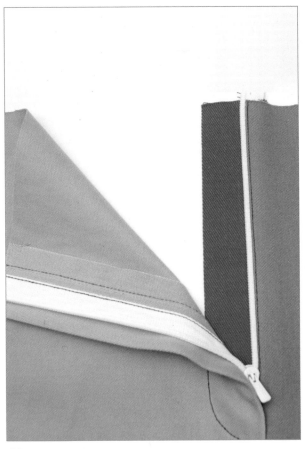

12 지퍼의 안쪽

⊞ 콘솔 지퍼 달기 – 부자재 교체하기

1 준비한 콘솔 지퍼를 열어 톱니 부분을 다림질하여 납작하게 펴준다.

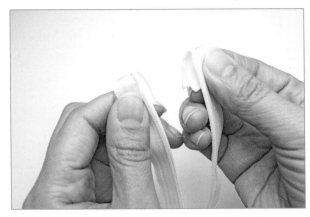

2 지퍼 상단의 꺾어지는 부분을 초크로 표시한다(손으로 만져보면 알 수 있다).

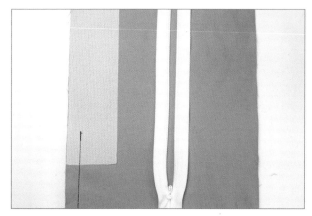

3 지퍼가 달릴 안쪽 부분에 심지를 붙여준다.

4 2번의 지퍼 표시선과 원단의 완성선을 맞춘다.

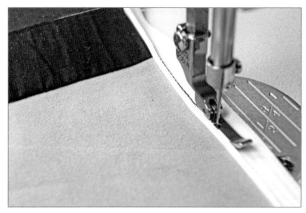

5 원단의 완성선에 납작하게 만들어둔 지퍼 끝선을 맞춰서 박는다.

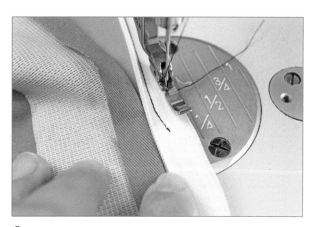

6 지퍼 완성 끝점에서 1cm 정도 옆으로 빼주면서 박음질하여 마무리한다.

 tip 이렇게 마무리하면 지퍼를 쉽게 올릴 수 있다.

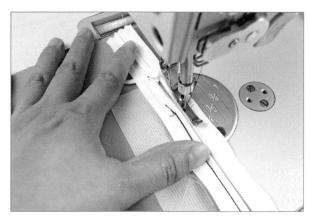

7 반대편은 아래부터 시작한다.

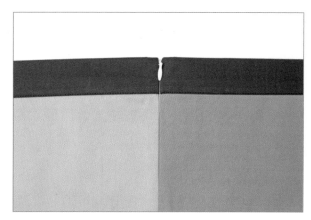

8 완성된 앞면(겉)

⊞ 벤놀 – 부자재 달기

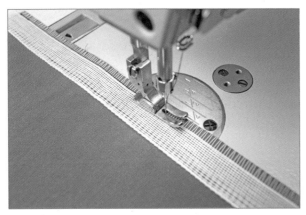

1 원단의 겉에 벤놀을 올려놓고 박는다(풀지 않은 벤놀 쪽으로 박음질이 넘어가지 않도록 주의한다).

2 박음질된 벤놀의 모습이다.

3 벤놀과 원단의 밑단을 안쪽으로 꺾어 접어준 후 끝스티치 한다.

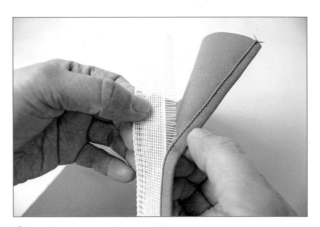

4 벤놀을 뽑아준 후 다린다.

5 완성된 모습(안)

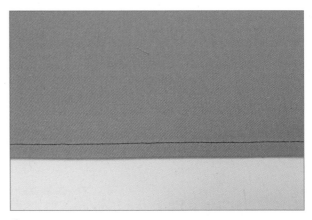

6 완성된 모습(겉)

뾰족단 달기

⊕ 한 장 뾰족단

1 재단한 뾰족단을 안에서 박아준다.

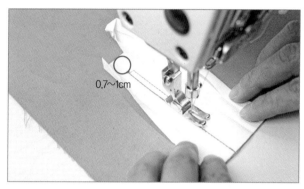

2 트임 부분은 0.5cm 폭으로 박아준다(사진에서 표시한 부분에 0.7~1cm를 남긴다).

3 가운데를 가위로 자른다.

4 모서리 부분은 Y모양의 사선으로 잘라준다. 최대한 모서리 가까이 자르되 박음질이 되어 있는 실을 자르지 않도록 주의한다.

5 잘라준 트임 사이로 뒤집어준다.

6 뾰족단 위로 겉감이 보이지 않도록 다림질한다.

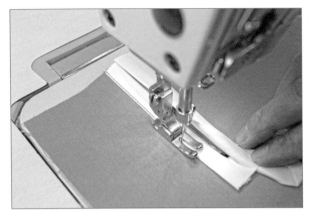

7 덮이는 부분을 끝박음질 한다.

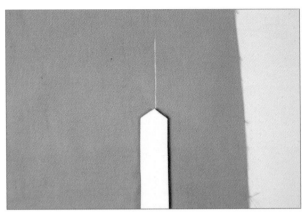

8 뾰족단을 접어 다림질하여 모양을 만든다.

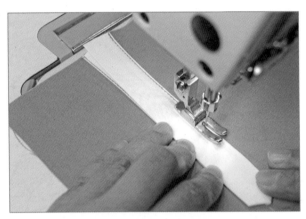

9 덮이는 부분이 아래에 없는 쪽부터 시작하여 올라온다.

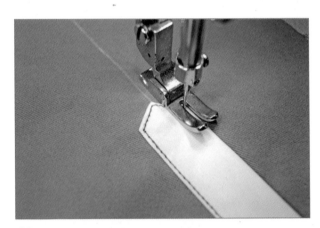

10 덮는 부분의 가장자리를 끝박음질 한다.

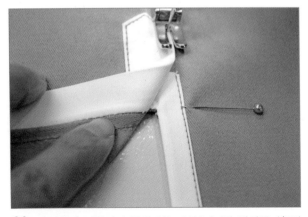

11 사진상의 시침핀이 꽂혀 있는 부분까지만 박아준다(**4**번에서 Y모양으로 잘라준 부분).

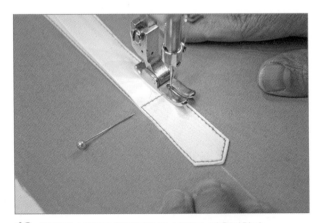

12 방향을 바꾸어 반대편으로 가로로 박음질한다.

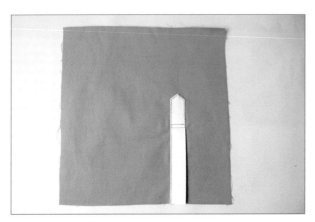

13 완성된 모습(겉)

⊞ 두 장 뾰족단

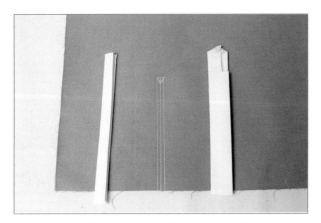

1 속 단, 겉 단을 소매 트임에 맞게 만들어 준다.

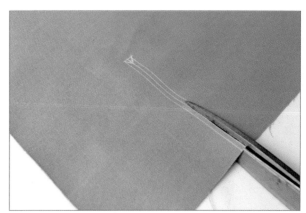

2 소매 트임 부분을 그려준 후 Y자로 자른다.

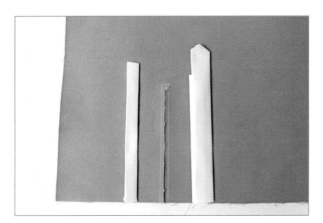

3 속 단은 작은 소매 쪽에, 겉 단은 큰 소매 쪽에 끼워 각각 한 번에 박는다.

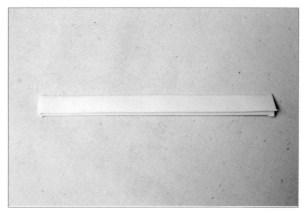

4 속 단은 살짝 차이가 나도록 접어줘야 한 번에 박기가 수월하다.

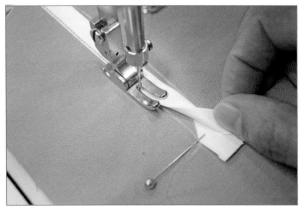

5 속 단을 작은 소매쪽에 끼워 Y자 끝, 시침핀 위치까지만
한 번에 박는다.

6 삼각형을 원단의 겉으로 빼서 박는다.

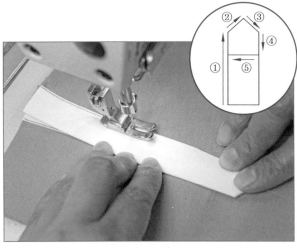

7 겉 단을 사진과 같이 큰 소매 쪽에 끼워 화살표 방향으
로 박는다.

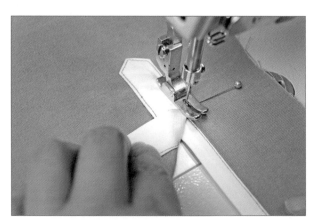

8 시침핀이 꽂혀 있는 부분까지만 박는다.

9 방향을 바꾸어 반대편으로 가로로 박음질한다.

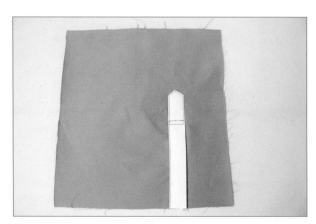

10 완성된 모습(겉)

재킷 소매 트임

⊕ 재킷 소매 트임 1 – 둘레, 길이 부분 수선하기

주로 남성 재킷에 쓰이는 트임 방법이다.

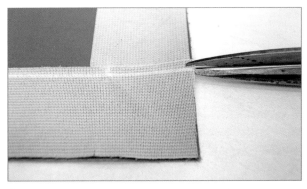

1 밑단 시접(4cm) 분량을 소매를 반 접은 상태로 같이 노치 (notch)를 준다.

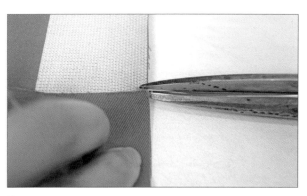

2 접어서 시접 끝도 노치를 넣어준다.

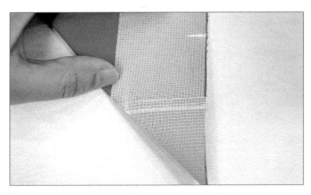

3 트임에서 덮히는 쪽을 사진과 같이 노치를 맞춰 접어준다.

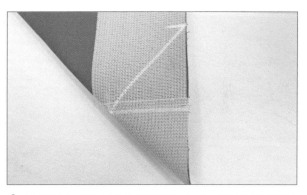

4 두 번째 노치와 시접량 위치까지 사선이 되도록 박아준다.

5 마름모 모양을 잘 정리한 후 뒤집어준다.

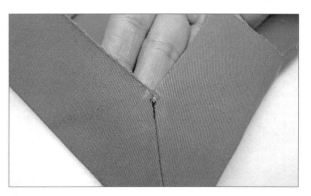

6 뒤집어준 모습

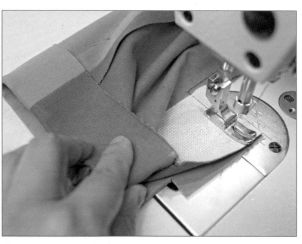

7 반대쪽 트임은 시접량만큼 겉과 겉이 만나도록 접은 후 같이 박아준다.

8 소매 트임 모양대로 박아준다.

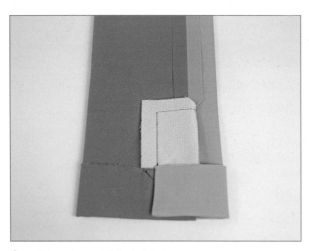

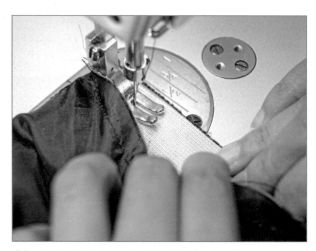

9 트임 모양으로 꺾어 다려준다.

10 안감과 합봉 후 고정 박음하며 뒤집어준다.

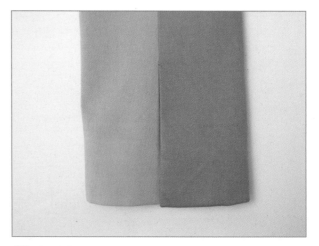

11 완성된 모습 ①

12 완성된 모습 ②

⊕ 재킷 소매 트임 2 - 둘레, 길이 부분 수선하기

두꺼운 원단에 많이 쓰이는 트임 방법이다.

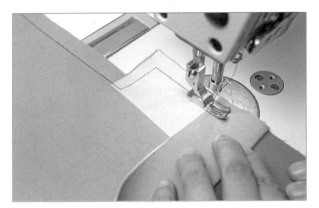

1 트임 부분에 심지를 붙인다. 밑에 놓인 한쪽 시접은 펼쳐 놓고 위에 있는 밑단 시접은 접은 상태에서 같이 박아준다 (소매 밑단 박음선을 깔끔하게 처리하는 방법).

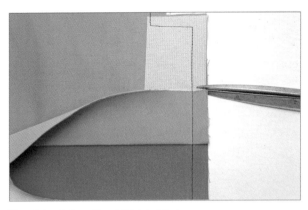

2 밑단 시접 끝에 노치를 넣어준다.

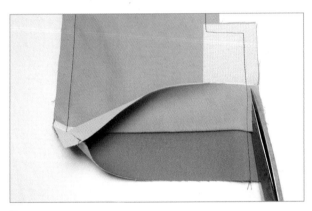

3 한쪽 시접을 잘라준다.

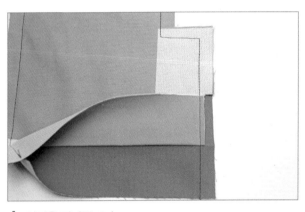

4 시접을 잘라준 모습

5 펼쳐 놓았던 밑단 시접으로 덮어준 후 박아준다.

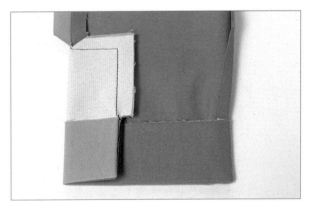

6 시접에 가윗집을 주고 트임을 꺾어 다림질해준다.

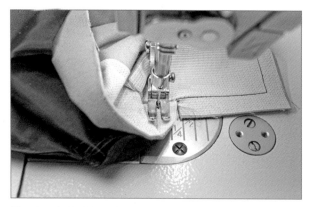

7 겉감과 안감을 소매 안쪽에서부터 합봉해준다.

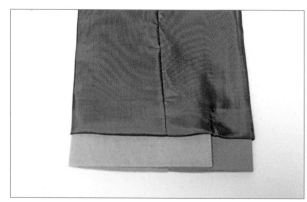

8 뒤집어 준 후 다림질한다.

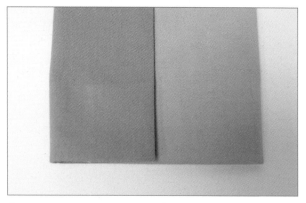

9 완성된 모습

⊕ 재킷 소매 트임 3 – 둘레, 길이 부분 수선하기

가장 많이 사용되는 트임 방법이다.

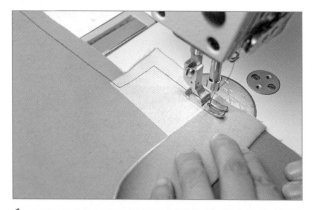

1 트임 부분에 심지를 붙인다. 밑에 놓인 소매 밑단 시접은 펼쳐 놓고, 위에 소매 밑단 시접은 접은 상태로 끝까지 박아준다.

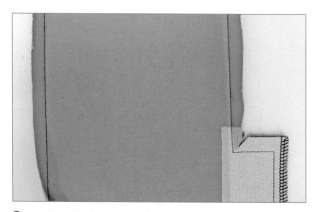

2 오버로크한다.

3 시접과 소매 밑단을 고정하여 박음질한다.

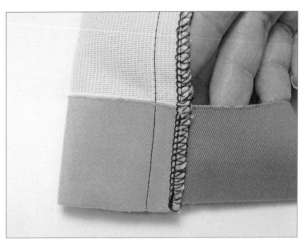

4 소매 끝의 실밥 풀림 방지를 위해 작은 소매의 시접은 펴고, 큰 소매의 시접은 접은 상태로 오버로크 처리한다.

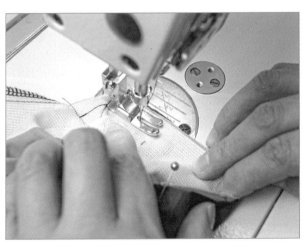

5 겉감과 안감을 잘 맞춰 합봉한다.

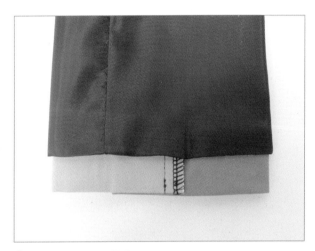

6 뒤집어서 다림질한다.

7 완성된 모습 ①

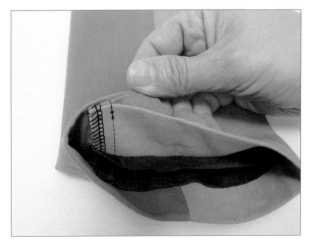

8 완성된 모습 ②

4

하의 수선하기

바지 수선하기
스커트 수선하기

바지 수선하기

⊞ 일반 바지 길이 줄이기 – 둘레, 길이 부분 수선하기

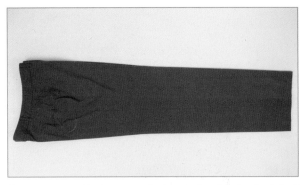

1 바지를 입었을 때 오른쪽이 위로 올라오게 놓는다. 이때 바지 좌, 우 앞 주름을 서로 맞추고 밑단 솔기도 맞춘다(기성복 바지도 길이 차이가 있을 수 있으므로 사진처럼 포개어 놓는다).

2 줄일 양만큼 완성선을 그린다.

3 기존의 시접을 펴고, 시접선을 그리고 자른다(여성복 바지의 단 시접은 4.5cm로 한다. 남성복 바지는 단 시접을 5cm로 한다).

tip **예외:** 나팔바지의 경우는 다리미로 접어서 편안하게 놓이는 시접으로 정한다.

4 시접을 자른 후 각각 완성선을 그린다.

5 오버로크 친 후 완성선을 다림질한다.

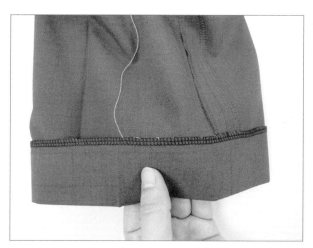

6 공그르기 한다.

7 다림질하여 마무리한다.

8 완성된 모습

⊕ 일반 바지 말아박기 – 둘레, 길이 부분 수선하기

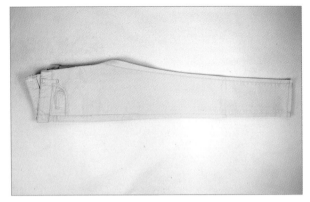

1 입어서 오른쪽이 위로 올라오도록 포개어 놓는다.

2 완성선과 시접선을 그린다(말아박기 시접은 스티치 넓이의 2배로 한다).

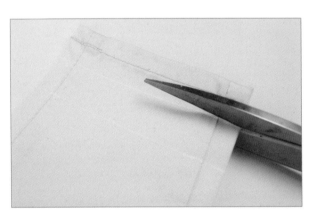

3 시접을 자른다.

4 각각의 완성선을 그린다.

5 안쪽에서 완성선에 맞추어 접어 박는다.

6 다림질하여 마무리한다.

tip 땀수를 적게 하면 스판이라 많이 늘어난다. 땀수를 넓게 사용하도록 한다.

⊞ 트임 바지 길이 줄이기 – 둘레, 길이 부분 수선하기

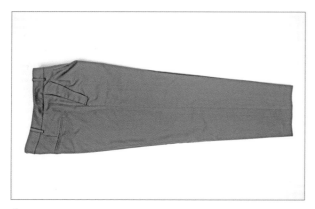

1 입어서 오른쪽이 위로 올라오도록 사진처럼 포개어 놓는다.

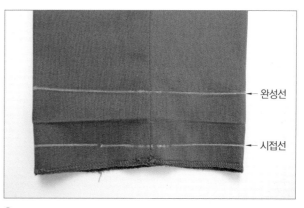

- 완성선
- 시접선

2 완성선과 시접선을 그린다.

3 시접선을 자른 후 완성선을 다려준다.

4 트임 위치를 표시한 후 윗부분이 풀리지 않게 되돌아박기로 마무리한다.

5 밑단 완성선에 가윗밥을 준다.

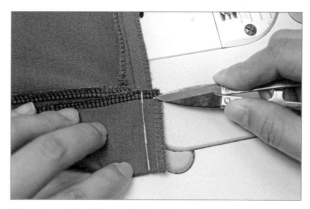

6 옆솔기 완성선을 그린 후 시접 쪽으로 0.5cm 내어 박음질한다.

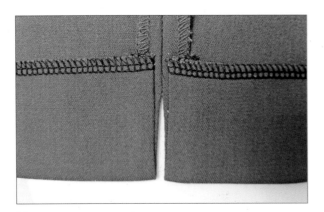

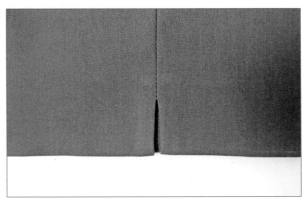

7 공그르기 한다.

8 다림질하여 마무리한다.

⊕ 카브라 바지 길이 줄이기 – 둘레, 길이 부분 수선하기

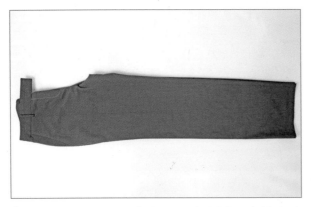

1 입어서 오른쪽이 위로 올라오도록 사진처럼 포개어 놓는다.

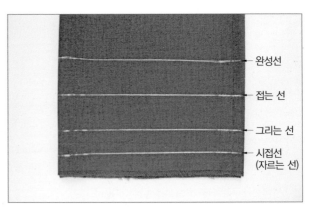

완성선

접는 선

그리는 선

시접선
(자르는 선)

2 카브라 넓이를 정한 후 접는 선, 그리는 선, 시접선을 각각
그려준다(시접은 카브라 넓이보다 1~1.5cm 작게 그린다).

3 시접선을 자른다.

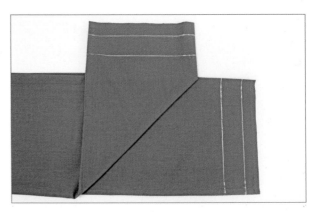

4 양쪽 시접선을 잘라 놓은 모습

5 밑단을 오버로크 처리한 후 접는 선을 안으로 접어 다린다.

6 오른손으로 카브라를 살짝 접어 꺾어 안쪽 시접선에서부터 오버로크선 가운데를 박아준다.

 tip 접어서 박음질하면 여유분이 생겨서 당기지 않는다.

7 그린 선을 접어 올려 다린다.

8 옆솔기를 잘 맞추어 두, 세땀 고정박음을 해준다(양쪽 솔기 모두).

 tip 한 땀 정도 남기고 박아야 당김이 없다.

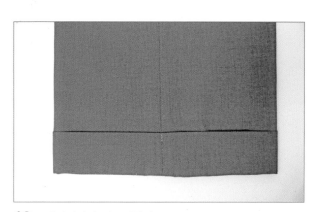

9 고정박음된 모습

10 다림질하여 마무리한다.

청바지 워싱단 살려 길이 줄이기 – 둘레, 길이 부분 수선하기

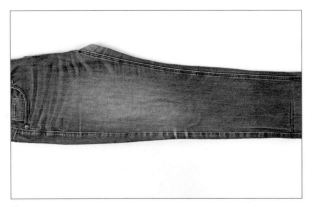

1 청바지 오른쪽이 위로 올라오도록 놓는다.

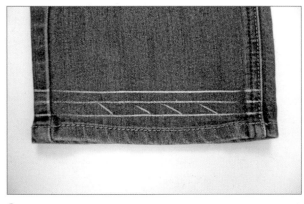

2 줄이고자 하는 완성선을 그린다.

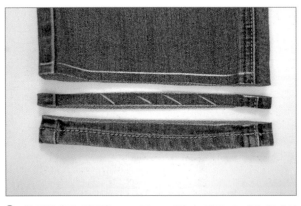

3 완성선에서 시접을 1cm 주고 자른다. 밑단 스티치 위에서 1cm 시접을 주고 자른다.

> **tip** 스티치의 넓이에 따라 시접이 0.5~1cm 시접량이 다를 수 있다.

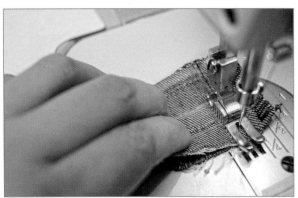

4 워싱단이 몸판의 사이즈보다 1/4″(0.5cm) 적게 되도록 표시한 후 워싱단을 펴서 표시선을 박아준다.

> **tip** 레질리언스 – 스판의 복원력에 따라 1/4″에서 1cm 적게 한다.

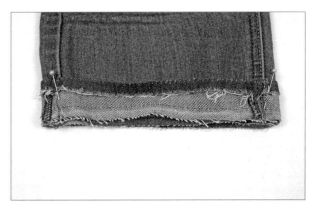

5 워싱단의 절개쪽을 몸판의 절개쪽이 만나도록 끼워 겉과 겉이 마주 보도록 놓고 스티치 옆선과 바깥쪽 옆선이 정확히 맞도록 고정시킨다.

6 스티치가 있는 쪽이 많이 두꺼워지므로 스티치가 있는 쪽에서부터 박아준다.

7 워싱단을 연결한 모습

8 옆선쪽 두꺼워진 시접을 정리하여 박기 수월하도록 한 후 워싱단 모양으로 안으로 접어 겉에서 스티치 박음질해준다.

9 완성된 모습(겉)

10 완성된 모습(안)

⊕ 허리만 수선하기 – 둘레, 길이 부분 수선하기

1 수선 전의 바지 모습

2 바지 옆선 부분 허리 벨트를 분리한다.

3 줄일 양을 4등분하여 그린 후 박음질한다.

4 기존 봉제선을 뜯고 가름솔로 다려준다.

5 벨트 겉감과 바지 겉감을 연결한다.

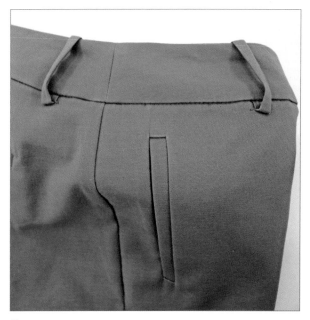

6 다림질하고 숨은 스티치로 마무리한다.

⊞ 허리와 힙 수선하기 – 둘레, 길이 부분 수선하기

1 입었을 때 오른쪽 부분이 위로 오도록 포개어 놓는다.

2 허리 벨트를 뜯는다.

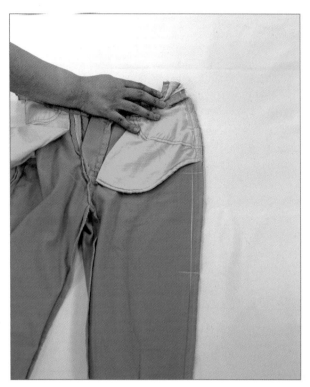

3 줄일 양을 기존 봉제선 안쪽에 그린다.

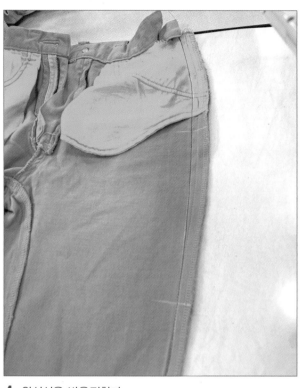

4 완성선을 박음질한다.

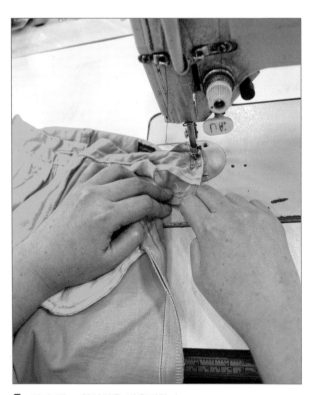

5 허리 벨트 완성선을 박음질한다.

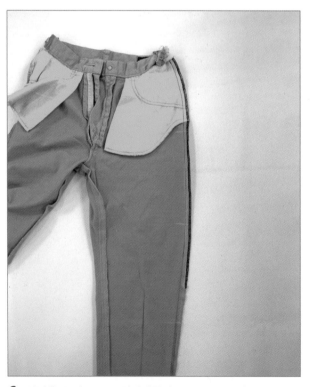

6 시접은 오버로크로 정리해준다.

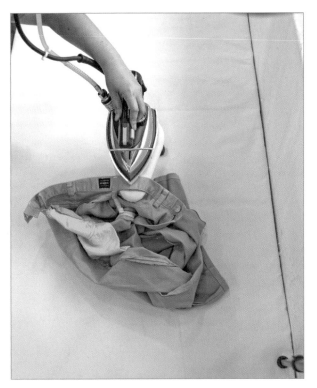

7 허리 벨트를 가름솔로 정리하여 다려준다.

8 옆 봉제선에 있던 스티치를 다시 박음질한다.

9 벨트 위에 있던 스티치도 다시 박음질한다.

1 허리 벨트를 뜯는다.

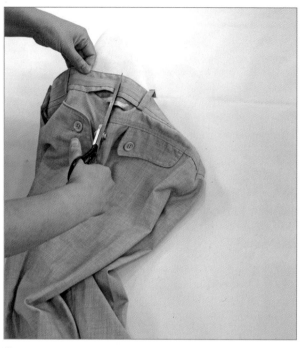

2 허리 벨트에 봉제선이 없을 경우 옆선에 맞추고 절개한다.

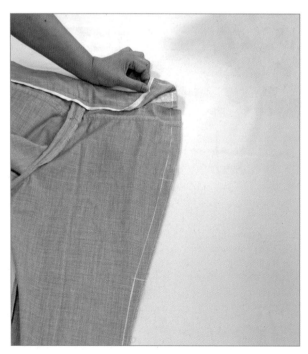

3 기존 봉제선 안쪽에 줄일 양을 4등분하여 표시한다.

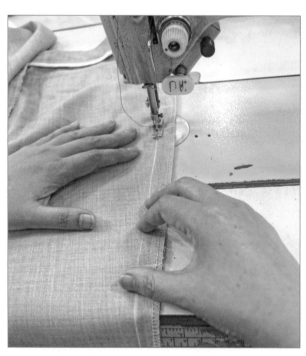

4 완성선을 박는다.

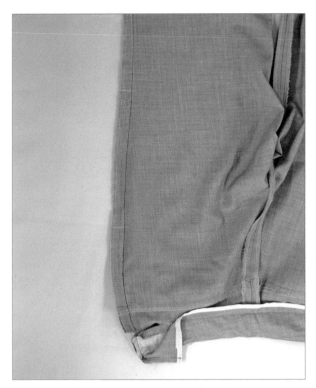

5 박음질 후 기존 봉제선을 뜯는다.

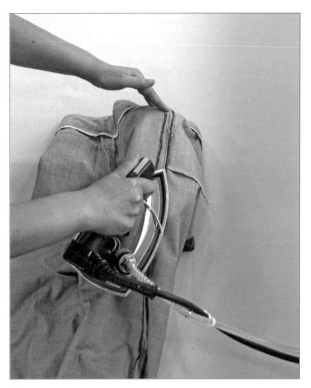

6 시접을 오버로크로 정리 후 가름솔로 다린다.

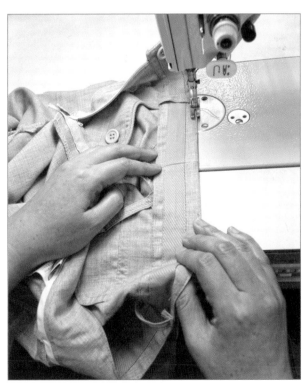

7 벨트 부분에 스티치를 놓는다.

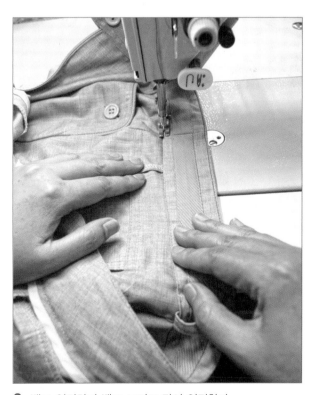

8 벨트 연결하며 벨트 고리도 같이 연결한다.

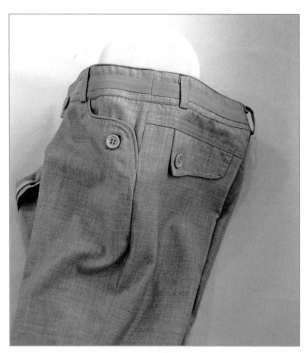

9 벨트 고리 연결 후 다림질한다.

⊕ 허리와 전체 품 줄이기 – 둘레, 길이 부분 수선하기

1 입었을 때 오른쪽 부분이 위로 오도록 펼쳐놓는다.

2 줄일 부분의 벨트를 분리한다.

3 줄일 양을 4등분하여 벨트 세로선과 바짓부리까지 줄일 양을 표시한다.

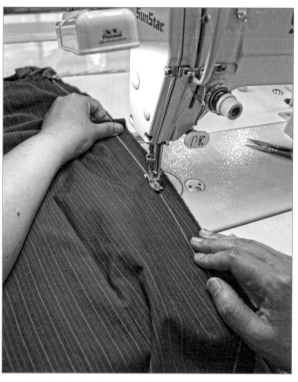

4 완성선을 박음질할 때는 아래쪽을 살짝 잡아당기며 박음질한다(퍼커링 방지를 위해).

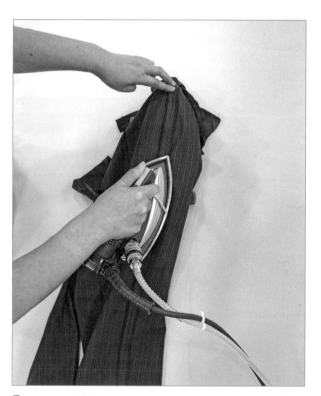

5 기본 봉제선을 뜯어낸 후 가름솔로 다림질한다.

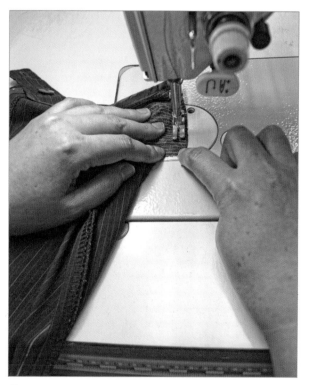

6 줄일 양을 표시해둔 허리 벨트를 박음질한다.

7 바지 겉감과 벨트 겉감을 연결한다.

8 허리 벨트 안감과 바지 안감 쪽을 맞닿게 접은 후 바지 겉 감 쪽에서 숨은 스티치로 박음질한다.

9 다림질하여 마무리한다.

⊕ 바짓부리 줄이기 – 둘레, 길이 부분 수선하기

1 입었을 때 오른쪽 부분이 위로 오도록 펼쳐놓는다.

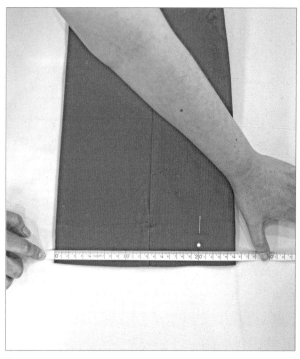

2 줄일 양을 표시한다.

3 기존 봉제선 안쪽으로 줄일 양을 표시한다.

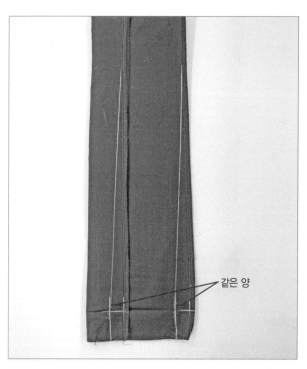

같은 양

4 줄일 양을 각각 표시한다.

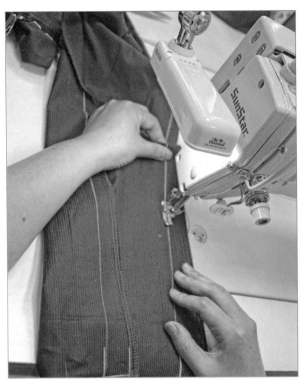 

5 완성선을 박음질할 때 아래쪽을 살짝 잡아당겨 퍼커링을 예방한다.

6 양쪽 시접을 오버로크 처리한다.

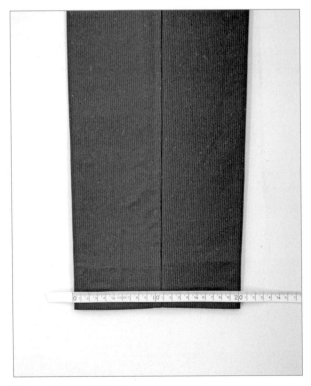

7 줄인 양을 확인한다.

스커트 수선하기

🔘 스커트 길이 줄이기 – 둘레, 길이 부분 수선하기

1 펼쳐 놓는다.

2 완성선을 그린다.

3 시접을 펴서 다린 후 시접을 표시한다(완성선도 표시해 줄 것).

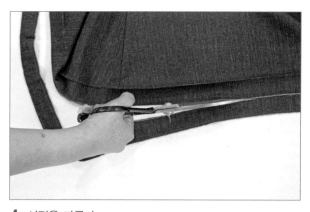

4 시접을 자른다.

5 안감은 겉감의 완성선 길이와 같은 길이로 재단한다.

6 안감을 1/2″로 말아박는다.

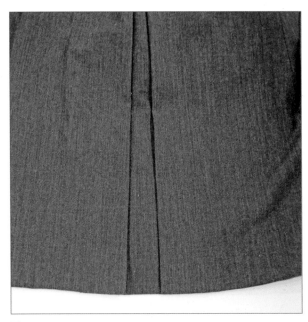

7 주름 길이를 맞추어 다린다.

⊕ 겹트임 스커트 길이 줄이기 – 둘레, 길이 부분 수선하기

1 완성선을 그린다.

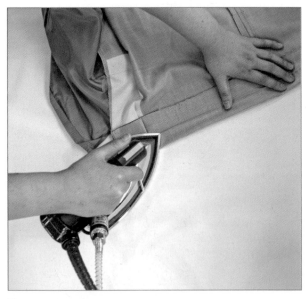

2 완성선을 접어 다린다.

tip 트임 부분을 같이 놓고 한 번에 그려서 같은 길이로 수선할 수 있도록 한다.

3 시접을 자른다.

4 안감을 펴서 줄일 양을 표시한다.

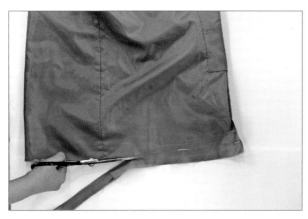

5 치마 겉감과 같은 길이로 재단한다.

6 안감을 1/2″로 말아박기 한다.

7 트임 부분 ①의 겉감과 안감을 노루발 간격으로 박는다.

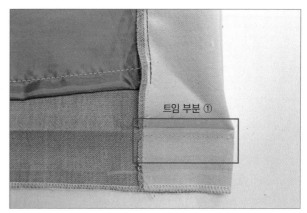

트임 부분 ①

8 트임 부분 ①의 시접 부분을 연결한다.

 tip 완성선에서 0.5cm 정도 띄워서 봉제하면 당김이 없다.

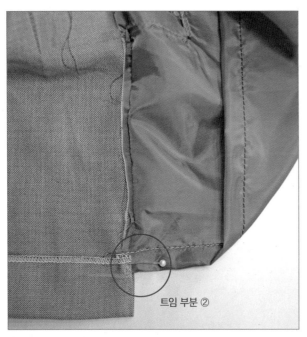

9 트임 부분 ②의 겉감과 안감을 박음질할 때 겉감의 시접 부분에 안감을 끼워 넣는다.

10 트임 부분 ②의 안감을 위로 놓고 박음질한다.

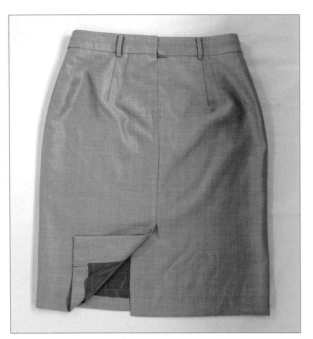

11 트임 부분 겉감과 안감 길이를 확인한다.

12 완성된 모습

⊕ 스커트 중간선에서 길이 줄이기 – 둘레, 길이 부분 수선하기

1 펼쳐 놓는다.

2 프릴 부분을 분리한다.

3 완성선을 그린 후 자른다.

4 몸판에 프릴을 연결한다. 이때, 프릴이 몰리지 않게 골고루 펴서 놓는다.

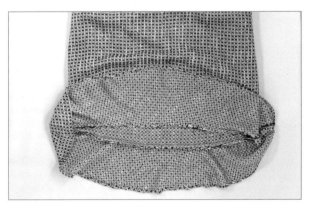

5 몸판과 프릴을 연결하고 오버로크 처리한다.

6 안감은 겉감과 동일한 양을 줄인 후 1/2″로 말아박는다.

7 완성 후 다림질한다.

⊞ 중간선과 밑단에서 줄이기 – 둘레, 길이 부분 수선하기

1 펼쳐 놓는다.

2 줄일 양을 정한다.

3 양쪽 주름 부분을 분리한다.

4 주름이 없는 세 곳에 줄일 양을 표시한다.

5 줄일 양을 잘라낸다.

6 연결할 때 좌우가 바뀌지 않도록 주의한다.

7 주름 부분의 가로선을 연결한다.

8 연결 상태를 확인한다.

9 세로선을 연결한다.

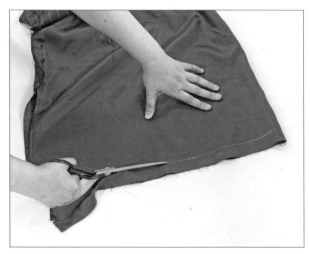

10 치마 안감은 겉감 길이와 같은 길이로 자른다.

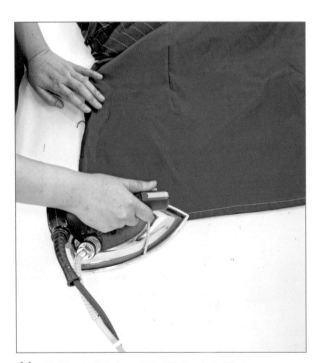

11 안감은 말아박기로 마무리한 후 다림질한다.

⊕ 스커트 허리에서 길이 줄이기 – 둘레, 길이 부분 수선하기

1 펼쳐 놓는다.

2 벨트와 지퍼를 분리한다.

3 줄일 양을 표시하고 자른다.

4 벨트와 치마 폭의 차이를 확인한다.

5 주름에서 줄인다.

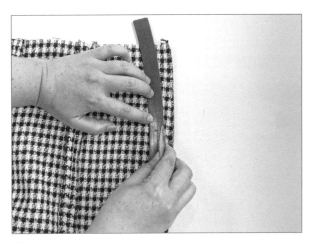

6 벨트와 치마 차이량을 4등분으로 나누어 표시하여 줄인다.

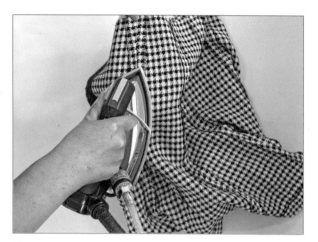

7 줄인 곳의 주름을 가름솔로 다린다.

8 지퍼 달아야 하는 위치를 표시하고, 잘라낸 양만큼 내려 온다.

9 벨트 겉감과 치마 겉감을 연결한다.

10 콘솔 지퍼는 왼쪽에 달아준다.

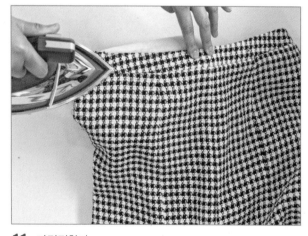

11 다림질한다.

12 숨은 스티치로 벨트 안감을 고정한다.

상의 수선하기

남방 수선하기
재킷 수선하기

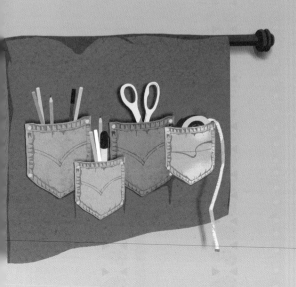

남방 수선하기

🔘 남방 소매 길이 줄이기 – 둘레, 길이 부분 수선하기

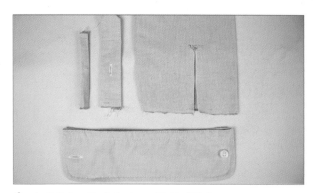

1 소매에서 뾰족단과 커프스를 분리한다.

2 줄일 양을 소매에 그려준 후 재단한다.

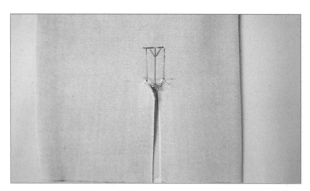

3 줄일 양의 90% 정도만 위로 연결하여 그려준다(예 2.5cm 를 줄일 경우 2cm를 연장해서 그려준다. 트임을 0.5cm 덜 준다).

4 그린 선에 맞춰 Y자로 잘라준다.

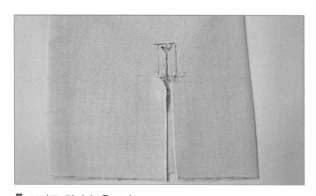

5 Y자로 잘라 놓은 모습

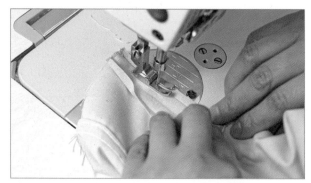

6 작은 뾰족단을 겉과 소매의 안이 만나도록 놓고 박아준다.
★ 작은 뾰족단은 작은 소매쪽에 달아주고 큰 뾰족단은 큰 소 매쪽에 달아준다.

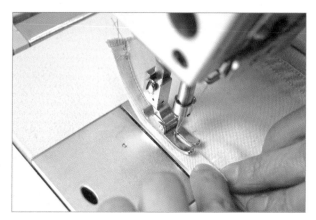

7 시접을 감싸 겉에서 끝 상침해준다.

8 Y자로 잘랐던 삼각 부분과 작은 뾰족단을 잘 맞춰 소매 겉으로 나오도록 하여 고정 박음해준다.

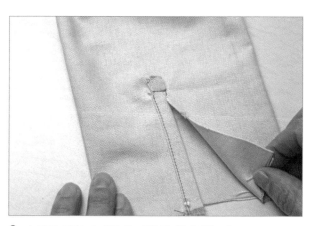

9 속단을 작은 소매쪽에 끼워 한 번에 박는다.

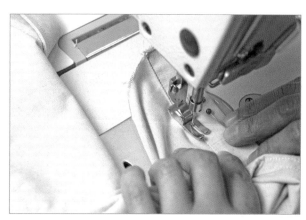

10 큰 뾰족단을 반대쪽에 끼워 뾰족단 모양으로 박아준다.

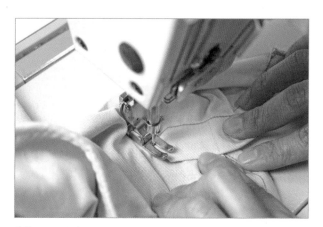

11 뾰족단 모양으로 따라가며 끝스티치로 박아준다.

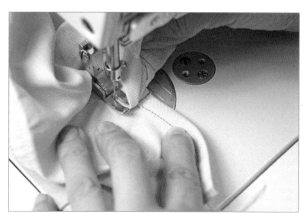

12 작은 뾰족단을 고정 박음한 위치보다 조금 아래까지 박아준 후 스티치 방향을 바꿔준다.

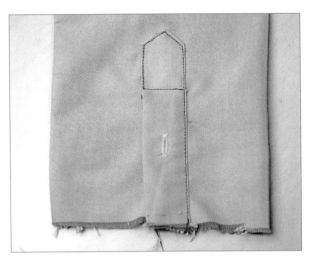

13 뾰족단이 완성된 모습

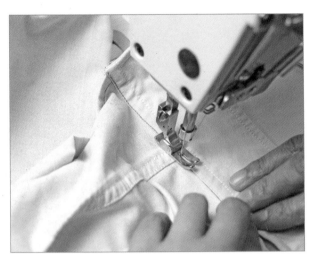

14 커프스를 끼워 박는다.

15 소매의 남은 양을 잘 분배해서 큰 뾰족단에서 주름으로
처리해준다.

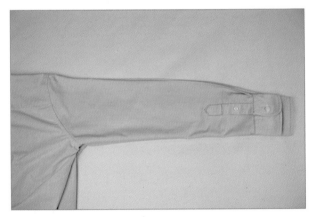

16 완성된 모습

⊕ 남방 길이 줄이기 – 둘레, 길이 부분 수선하기

1 남방을 준비한다.

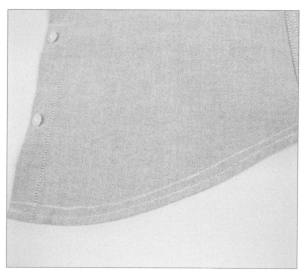

2 줄일 양을 표시한다.

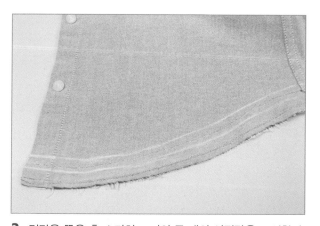

3 밑단을 뜯은 후 스티치 크기의 두 배의 시접량을 표시한다.

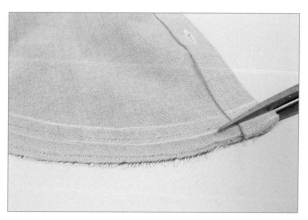

4 시접량을 표시한 부분을 자른다.

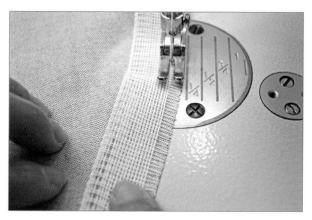

5 벤놀을 몸판 겉에 올려놓고 박아준다.

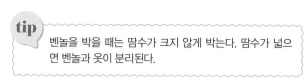

tip 벤놀을 박을 때는 땀수가 크지 않게 박는다. 땀수가 넓으면 벤놀과 옷이 분리된다.

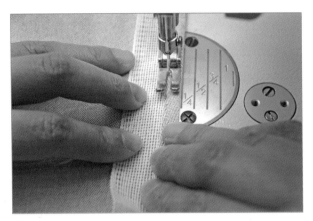

6 벤놀과 셔츠 밑단을 안쪽으로 말아 접은 후 박아준다.

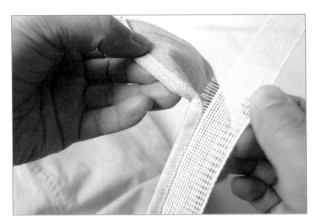

7 벤놀을 잡아당기면 쉽게 분리된다.

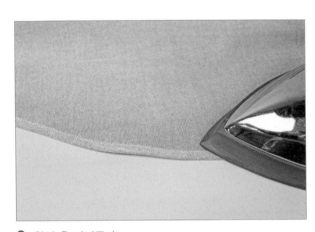

8 완성 후 다려준다.

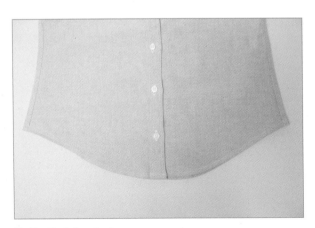

9-1 완성된 모습 ①

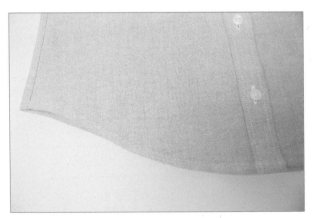

9-2 완성된 모습 ②

⊞ 남방 품 줄이기 – 둘레, 길이 부분 수선하기

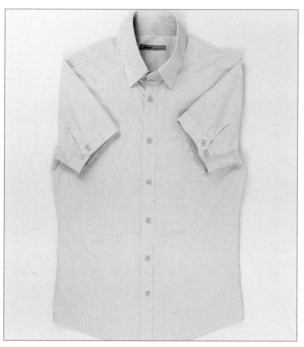

1 품을 수선할 남방을 준비한다.

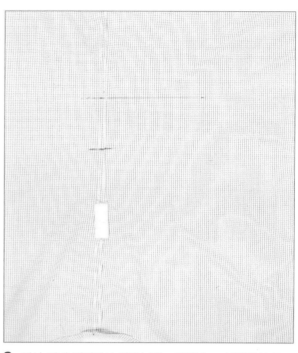

2 옆선 전체 길이에서 1/2이 되는 지점과 그 지점에서 5cm 가량 올라간 지점을 표시한다.

3 줄일 양을 정한 후, 옆선의 쌈솔 부분을 뜯어 분리한다. 줄일 양을 1/4로 나누어 앞, 뒤판을 같이 놓고 셔츠 안쪽 면에 선을 그린다.

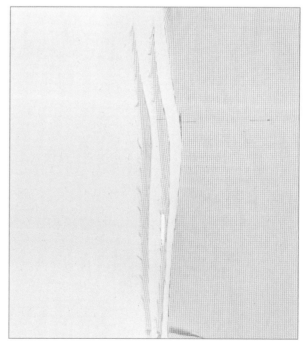

4 그린 라인을 따라서 잘라준다.

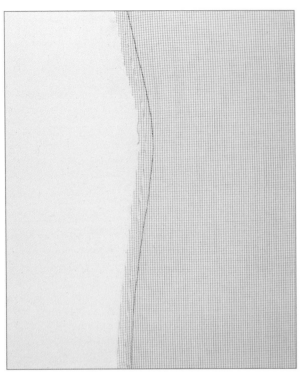

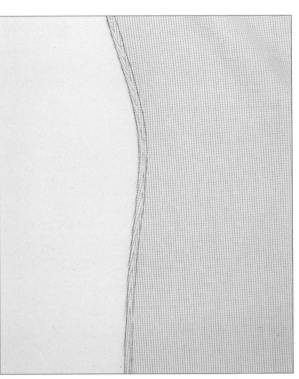

5 옷을 만들 때, 쌈솔 부분의 시접분이 이미 들어가 있으므로 완성선(박음질선)을 기준으로 감쌀 부분의 시접을 좀 더 내어 박음질을 한다.

6 넓은 시접으로 좁은 시접을 감싸고 시접 끝에서 0.1~0.2cm 폭으로 아래 원단과 함께 박음질한다.

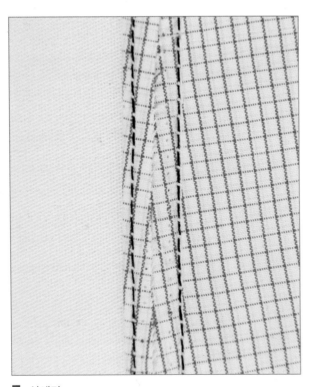

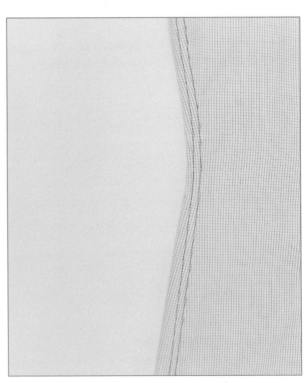

7 상세컷

8 접어서 다린 후 겉에서 상침하여 마무리한다.

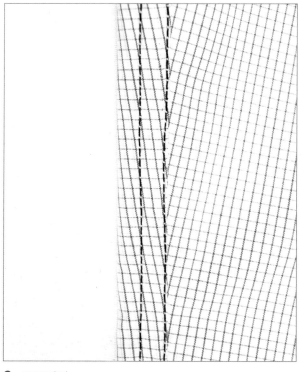

9 상세컷(겉)

10 상세컷(안)

11 뜯어져 있던 밑단을 원래대로 말아 박아준다.

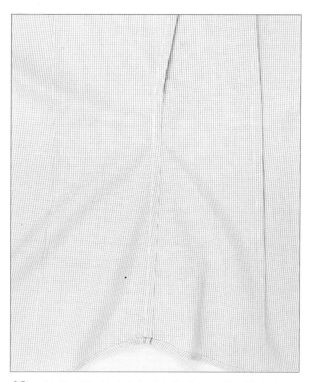

12 필요한 경우, 앞판이나 뒷판에 다트를 넣는다(다트는 몸의 중심쪽으로 다려 마무리한다).

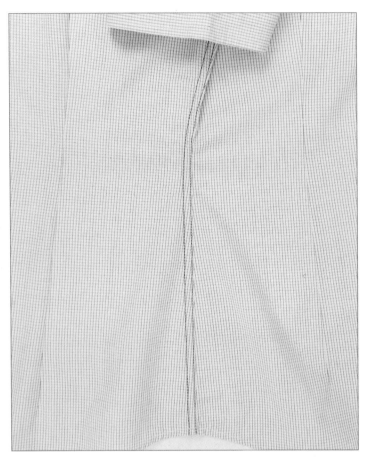

13 실밥 정리, 다림질 등을 하여 마무리한다.

⊕ 남방 어깨 줄이기 – 어깨 부분 수선하기

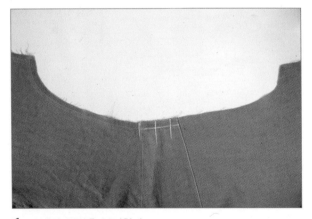

1 소매와 몸판을 분리한다.

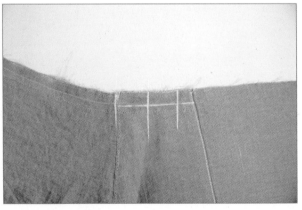

2 줄일 양만큼 들어가 앞 요크에서 뒤 요크쪽으로 3cm 위치에 중심선을 표시해준다. 중심선을 기준으로 양쪽으로 2.5cm씩 표시하고 5cm 직선을 유지하여 그려준다.

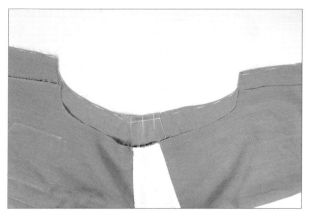

3 반대쪽 몸판을 가져와 진동선을 자연스럽게 그려준다.

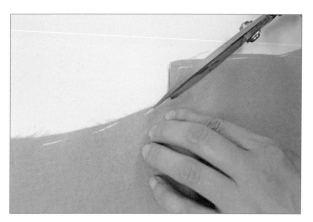

4 두 장을 잘 겹쳐 놓고 자른다.

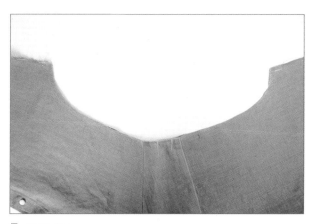

5 자른 모습

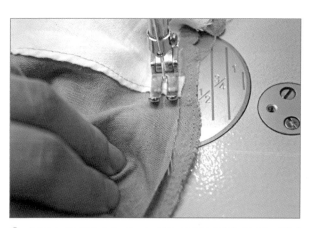

6 소매를 아래에 놓는다. 소매쪽 시접이 몸판 쪽으로 꺾이는 것을 고려하여 그 양만큼 몸판과 소매 시접 양을 다르게 놓고 박아준다.

7 쌈솔 과정과 동일하게 소매쪽 시접으로 감싸 끝 상침해 준다.

8 몸판 쪽으로 꺾어 다려준다.

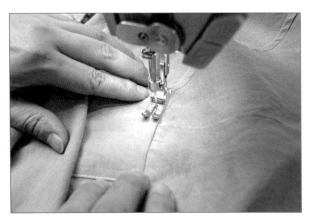

9 겉에서 원하는 너비로 상침해준다.

10 소매 겨드랑이와 몸판 옆선을 **6**, **7**번과 동일한 방법으로 쌈솔한 후 다려준다.

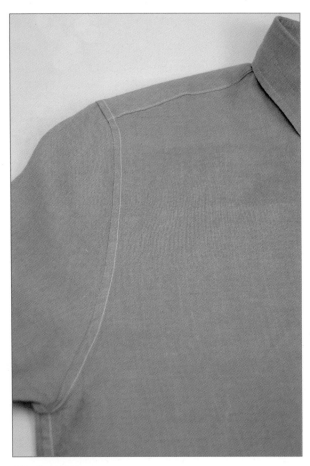

11-1 완성된 모습 ①

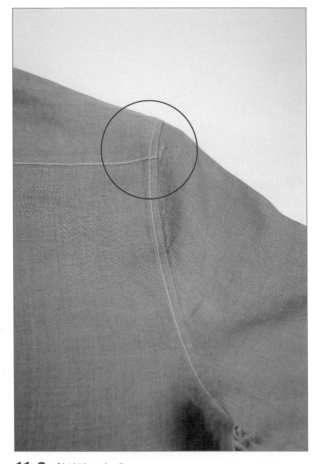

11-2 완성된 모습 ②
★ 원으로 표시한 부분: 꼭지점이 생기지 않게 봉제한다.

재킷 수선하기

⊕ 재킷 길이 줄이기 – 둘레, 길이 부분 수선하기

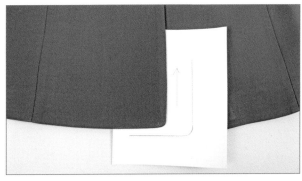

1 재킷 밑단 앞모양을 두꺼운 종이에 미리 그려서 잘라놓는다.

2 밑단 겉감과 안감을 분리한다. 기존 완성에서 줄일 양만큼 새로운 완성선과 시접선을 그린다. (시접량 4cm)

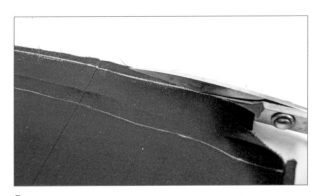

3 겉감을 자른다.

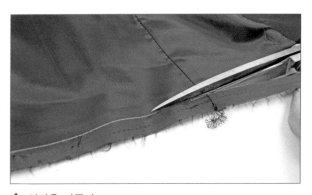

4 안감을 자른다.

5 밑단에 4~5cm 너비의 심지를 붙여준다.

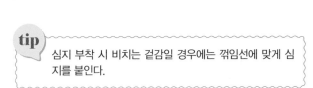

tip 심지 부착 시 비치는 겉감일 경우에는 꺾임선에 맞게 심지를 붙인다.

6 시접선을 꺾어 다림질한다.

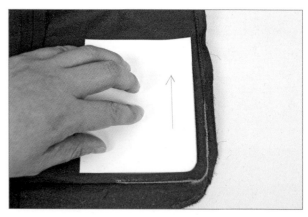

7 미리 그려서 잘라 둔 종이(1번)를 놓고 그려준다.

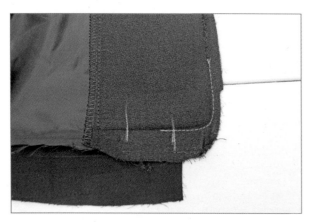

8 1/3 지점까지 박아준다.

9 8번 이후부터 프린세스 라인 정도까지는 시접 쪽으로 비스듬하게 박은 후 다시 겉감과 안감이 나란히 되도록 박는다.

10 시접끼리 고정 박음한다.

11 뒤집어 모양을 만들어가며 다린다.

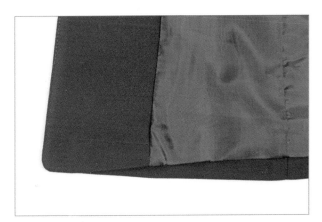

12 완성된 안쪽 모습

⊕ 재킷 어깨 줄이기 – 어깨 부분 수선하기

1 어깨선과 소매 중심이 일직선이 되도록 초크나 실을 이용해 표시해준다.

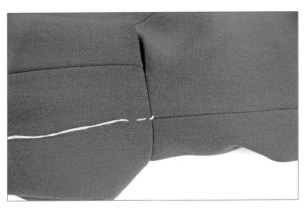

2 옆선과 소매도 선에 맞춰 **1**번과 동일하게 표시해준다.

3 어깨선이 자연스럽게 연결되도록 3등분하여 2/3지점부터는 기존 박음선과 겹치도록 박아준다. 시접 정리 후 가름솔로 다려준다. 어깨를 줄이면 소매의 이세(이즈)량이 부족해지므로 어깨 진동선을 줄여준다.

4 어깨 중심에서 양쪽으로 2.5cm씩 표시한다. 시접 끝에서 줄일 양만큼 들어가 표시해둔 5cm를 직선에 가깝도록 그려준다. 나머지 부분은 진동선이 자연스럽게 나오도록 선을 그려준다. 반대쪽 어깨를 양쪽이 같게 잘라준다.

5 진동 둘레에 맞춰 이세량을 조절해가며 고정시켜준다.

6 소매쪽에서 박아 주되 원래 박음질된 구멍이 보이지 않도록 잘 박아준다.

7 완성된 모습

⊕ 어깨로 소매 길이 줄이기 – 몸판, 어깨 수선하기

1 어깨선에 맞춰 소매 중심을 표시한다.

2 소매를 사진과 같이 뜯어준다.

3 줄이고자 하는 양을 소매산과 옆선에 각각 표시한 후 반대쪽 소매를 표시선에 맞춰놓고 소매산 모양대로 그린다.

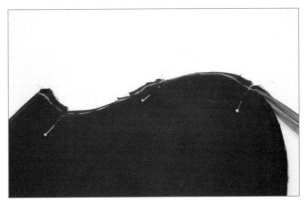

4 소매 두 장을 안쪽과 안쪽이 마주 보게 겹쳐 놓고 정확히 맞춘 후 기존 노치와 동일한 위치에 노치를 주고 같이 잘라준다.

5 소매 옆선을 박고 가름솔로 다린다.

6 소매산 둘레를 0.5cm 간격으로 박아준다(처음과 끝 실을 길게 빼준다). 길게 빼준 실을 당겨가며 진동 둘레보다 1cm 정도 작게 소매 모양을 잡아준다(소매쪽을 살짝 작게 하여 조절하며 몸판에 맞추는 것이 작업하기 수월하다).

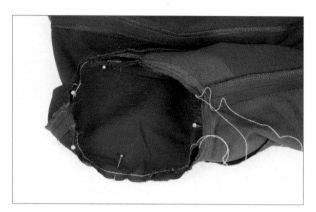

7 소매와 몸판을 노치를 맞춰가며 고정해준다.

8 소매쪽에서 박아주되 몸판의 기존 박음선이 나오지 않도록 주의하며 박아준다.

9 완성된 모습

⊕ 재킷 전체 품 줄이기 – 둘레, 길이 부분 수선하기

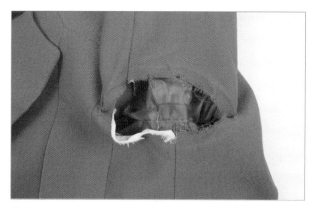

1 겨드랑이에서 소매와 몸판을 10cm 정도 분리해준다.

2 줄이고자 하는 양을 사진과 같이 각각 그려준다(소매는 엘보라인까지, 옆선은 허리선까지, 뒤 프린세스 라인은 허리선을 중심으로 위로는 진동선까지, 밑으로는 밑단 끝까지).

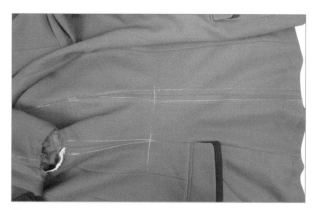

3 상세컷

4 그려준 부분의 가름솔 시접을 다림질하여 펴준 후 그린 선에 맞춰 각각 박아준다(박아준 후 기존 완성선을 뜯어준다).

5 소매쪽도 그린 선에 맞춰 박아준다.

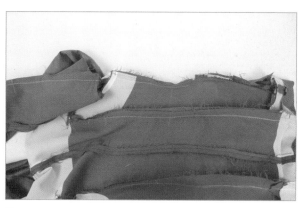

6 진동선 시작점이 잘 맞지 않을 경우 억지로 맞추려 하지 말고 편안하게 박은 후 시접을 정리한다.

7 각각 가름솔로 다려준다.

8 소매와 몸판을 합봉한다.

9 완성된 모습

리폼
(아이템, 디자인 변경하기)

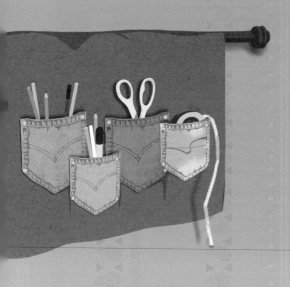

⊕ 라운드넥 티셔츠를 V넥으로 만들기 – 디자인 변경하기

1 라운드넥 티셔츠를 준비한다.

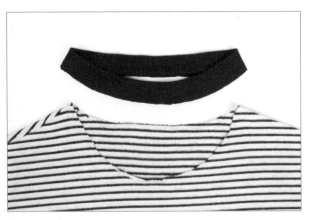

2 목 부분 시보리를 만들기 위해 네크라인의 시보리를 분리하고 반으로 자른다.

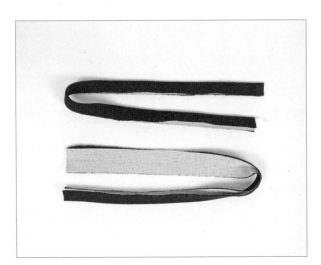

3 분리한 시보리에 심지를 부착한 후, 반으로 접어서 준비한다.
★ 넥 사이즈가 작으면 시보리에 심지를 붙이지 않는다.

4 옆 목점을 맞춰 앞목 중앙과 뒷목 중앙을 잘 겹친 후, 원하는 깊이로 네크라인을 그려준다.

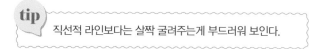

tip 직선적 라인보다는 살짝 굴려주는게 부드러워 보인다.

5 옆 목점에서 내려오는 네크라인을 따라 자연스럽게 라인을 정리해준다.

6 그린 라인을 따라 잘라준다.

7 티셔츠를 뒤집은 후, 네크라인을 따라 심지를 붙여준다.
★ 이때, 목 부분이 늘어나지 않게 주의한다.

8 바이어스를 V넥의 중심에 맞춰보고, 중심점에서 수직으로 선을 긋는다.

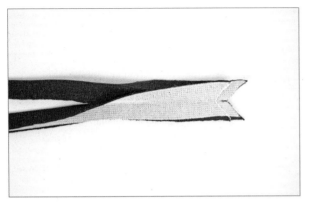

9 그은 선에 맞춰 다른 한쪽의 바이어스와 겹친 후, 박음질을 한다. 시접을 남겨 정리하고 가운데에 가윗밥을 준다.

10 접어 놓은 바이어스의 넓이를 고정하기 위해 간격을 맞춰 박음질을 한다.

11 박음질한 시보리의 선을 따라 네크라인의 중앙에서부터 티셔츠의 겉 부분과 박음질을 한다.

★ 이때, 시보리를 살짝 당겨주면 완성도가 높다.

12 시보리를 잘 겹쳐서 마무리한다.

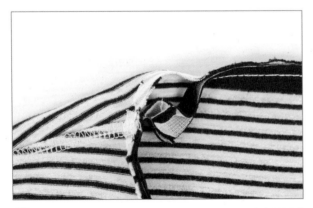

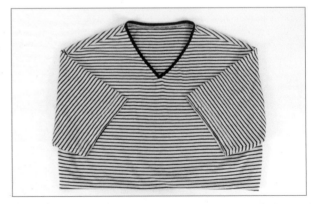

13 착용한 상태의 왼쪽 옆 목점에서 2.5~3cm 남긴 부분에 시보리 절개선을 맞춘다.

14 오버로크로 정리한 후, 상침을 하여 마무리한다.

⊕ 터틀넥 니트를 집업 가디건으로 만들기 − 아이템 변경하기

1 터틀넥 니트를 준비한다.

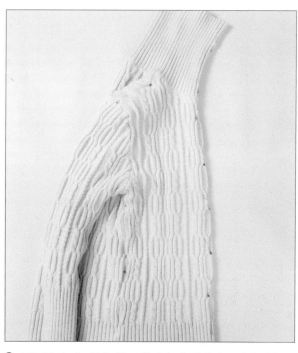

2 정중앙이 되도록 (트렌드에 맞추어) 앞판의 중심에 핀을 꽂아 표시한다. 어깨솔기와 옆선솔기도 움직이지 않도록 핀으로 고정한다.

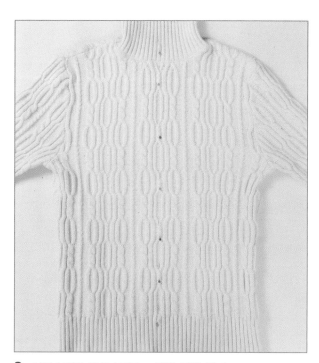

3 어깨솔기와 옆선솔기를 고정한 핀을 뺀다.

4 옷에서 핀이 빠지지 않게 조심스럽게 뒤집어 잘 펼친다.

5 핀이 꽂혀 있는 중심 부분에 길게 심지를 부착한다.

6 옷을 뒤집어 겉면이 오게 한 후, 핀이 꽂힌 라인을 따라 중심을 자른다.

7 목 부분에 시접이 겉으로 드러나게 봉제되어 있는 부분은 시접이 안쪽으로 들어가도록 다시 봉제해준다.

8 목 부분을 반으로 접었을 때 옷의 총장에 맞추어 지퍼를 준비한다. 지퍼의 겉이 옷의 겉면과 닿게 놓은 후, 박음질로 부착한다.

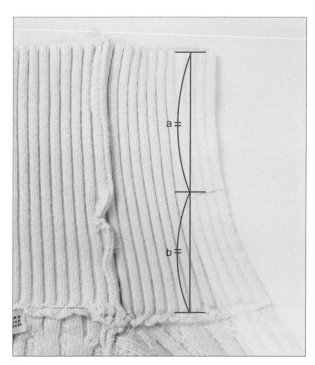

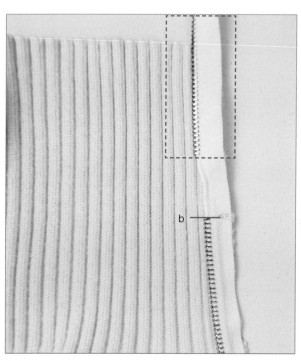

9 위에서 0.5cm 가량 되는 지점(a)과 나머지 부분 중 1/2이 되는 지점(b)을 표시한다.

10 9번에서 표시한 b지점에서 니트의 목 부분을 접어 지퍼의 끝부분을 박아준다. 지퍼의 길이가 남을 경우 여유분을 남기고 잘라준다(점선 표시된 부분).

11 b지점을 기준으로 꺾어 겉과 겉을 마주 대고 박아준다.

12 겉으로 뒤집어 모양을 정리한다.

13 안쪽은 바이어스 또는 오버로크 처리를 하고, 겉면 넥라인과 지퍼에 상
침을 해주어 마무리한다.

14 완성된 모습

⊕ 청바지로 주름스커트 만들기 – 아이템 변경하기

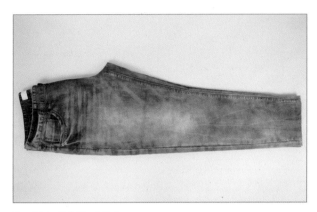

1 청바지를 준비한다.

2 지퍼 끝선에서 2.5~3cm 정도 남기고 자르기 위한 선을 그린다.

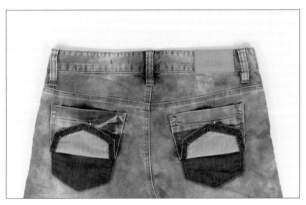

3 뒷주머니를 반 정도 몸판과 분리하여 접어올린 후, 핀으로 고정한다.

4 그려놓은 선을 따라 잘라서 청바지의 위, 아래를 분리하고, 양쪽 다리 부분이 분리되도록 가랑이 부분도 자른다.

5 자른 바지의 밑 부분과 스커트의 주름 부분을 박아주기 위해 뒷주머니를 계속 고정시켜둔다.

6 분리해놓은 청바지 윗부분의 라인을 정리하기 위해 곡자를 이용해 그려준다.

★ 뒤 중심라인과 옆 라인에 맞추어 정리하면 착용 시 힙이 올라가 보이는 효과가 있다.

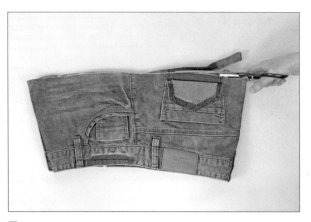

7 그린 라인을 따라 잘라낸다.

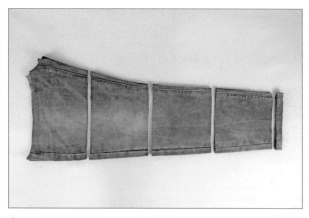

8 밑단을 자르고, 밑단을 제외한 나머지 부분은 4등분하여 준비한다.

9 4등분한 원단을 분리하여 펼쳐서 다린 후, 주름을 잡기 위해 일정한 간격으로 선을 그어준다.

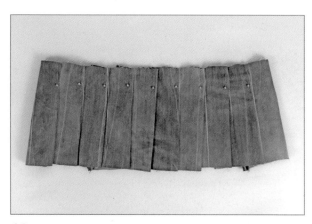

10 그려놓은 선에 맞춰 주름을 잡은 후, 잘라 놓은 바지 윗부분의 밑단 둘레에 맞춰 각각의 원단들을 이어서 핀으로 고정한다.

11 주름을 이어주기 위해 안쪽에서 박음질을 해주고, 올이 풀리지 않게 오버로크 처리를 한다.

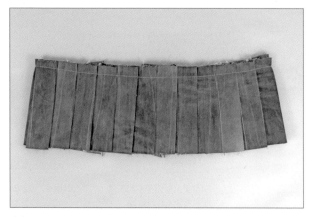

12 주름을 고정하기 위해 잘라 놓은 바지 윗부분과 연결될 부위에 고정박음질을 한다.

13 일정한 길이로 체크하며 자른다.

14 주름의 위, 아래에 1cm 정도 올을 풀어준다.

> **tip**
> 올을 풀 때, 중간 중간 가윗밥을 내어주면 일정한 간격으로 할 수 있다.

15 청바지의 윗부분과 아래 주름 부분을 연결한다. 기존 청바지에 두 줄 스티치가 되어 있는 경우, 스커트에도 동일한 스티치를 넣어준다.

16 뒷주머니를 다시 내리고 원래 박음질선에 맞춰 상침을 해준 뒤, 마무리한다.

⊕ 남방 뒷주름 없애기 – 디자인 변경하기

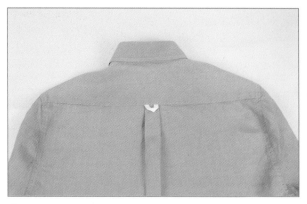

1 몸판을 소매와 분리한 후 뒤 요크와 뒤 몸판 아랫부분을 분리해준다.

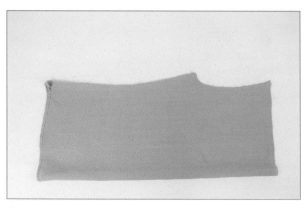

2 뒤 요크와 몸판을 반으로 접어준다.

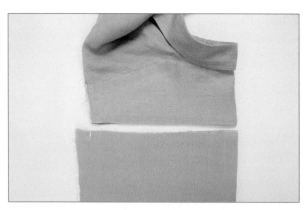

3 뒤 요크에 맞춰 몸판에 표시해준다.

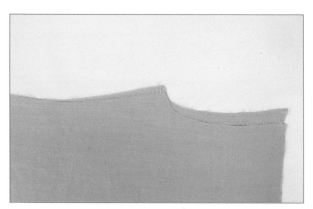

4 밑에 깔려있던 왼쪽 진동을 표시해 둔 오른쪽 진동 표시선 위에 맞춰 올려놓는다.

5 4번을 확대한 모습

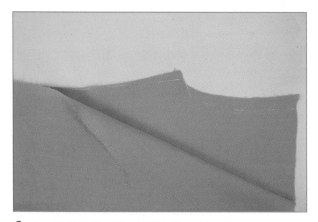

6 초크를 이용해 자연스러운 선을 그려준다.
★ 이때 기존의 암홀 길이가 길어지지 않도록 주의한다.

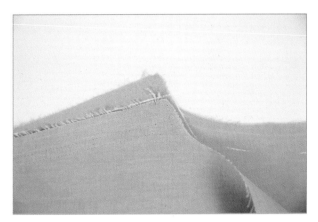

7 6번을 확대한 모습

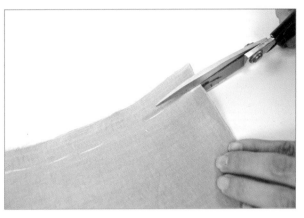

8 다시 위에 올려 그린 왼쪽을 **2**번과 동일한 위치로 이동시
킨 후 2장을 잘 겹친 후 **6**번에서 그린 선대로 같이 잘라
준다.

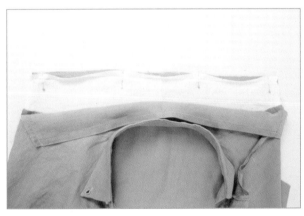

9 심지가 붙어있는 뒤 요크와 몸판을 겉과 겉을 마주대고
잘 겹쳐준다.

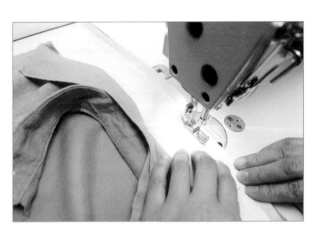

10 요크가 위로 올라 온 상태로 박음질한다.

11 시접을 위로 올리고 겉 요크를 덮어 끝 상침한다.

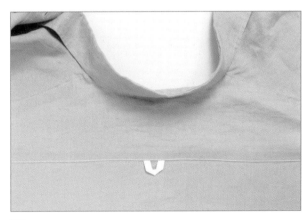

12 완성된 모습

⊕ 시보리 티셔츠 소매 줄이기 – 둘레, 길이 부분 수선하기

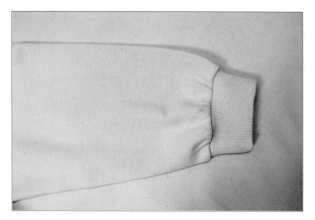

1 소매에 시보리가 달린 티셔츠를 준비한다.

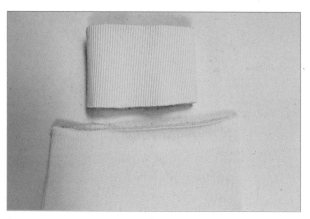

2 소매와 시보리를 분리한다.

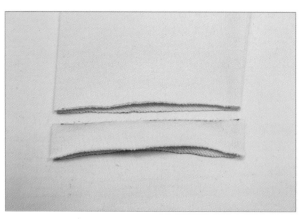

3 줄일 길이만큼 소매를 잘라준다.

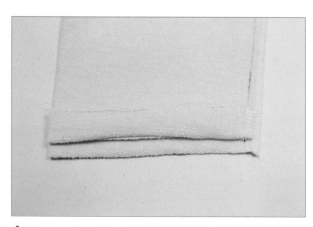

4 소매통을 처음과 같은 사이즈로 줄여준다.

5 자연스럽게 소매통을 줄여준다.

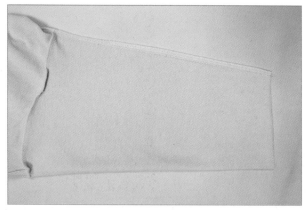

6 오버로크로 시접을 정리한다.

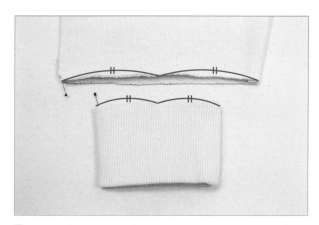

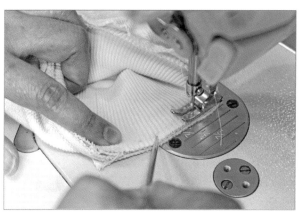

7 소매통과 시보리에 4등분으로 표시한다. 표시한 부분끼리 맞추어 작업하면 틀어지지 않는다.

8 소매와 시보리를 표시선대로 등분한 곳들이 각각 만나게 박아준다.

9 시접은 오버로크 처리하여 정리한다.

10 완성된 모습

⊕ 재킷 어깨에 셔링 넣기 – 디자인 변경하기

1 기본적인 어깨선의 재킷을 준비한다.

2 몸판의 어깨 부분과 소매를 분리한다.

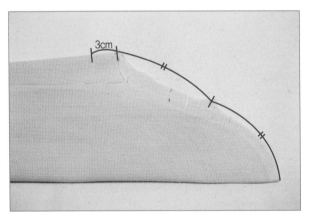

3cm

3 소매는 반으로 접어 잘 다려주고 셔링이 들어간 소매를 만들기 위해 재단을 한다.

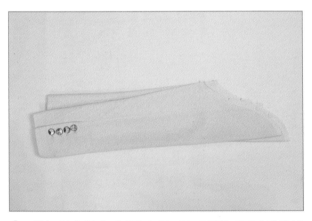

4 자연스럽게 선이 이어질 수 있도록 표시한 지점에 맞춰 반대쪽 소매를 마주 보게 겹친 다음 선을 그어준다.

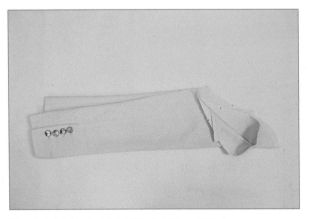

5 덮여진 부분은 살짝 젖혀서 선을 그어준다.

6 젖힌 부분의 확대컷

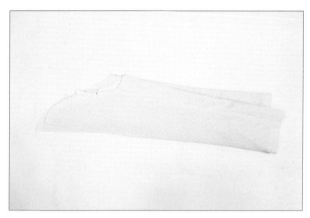

7 뒤집은 다음 반대쪽도 **4**번과 같이 표시한 지점에 맞게 자연스럽게 마주 보게 겹쳐 선을 그어준다.

8 겹쳐서 선을 그은 부분의 확대컷

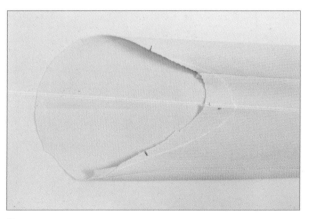

9 그어준 선이 자연스럽게 이어지는지 확인한다.

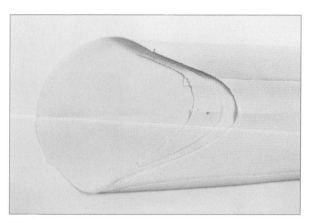

10 선에 맞춰 잘 잘라준 다음, 나머지 한쪽의 소매도 같은 방식으로 제도한 후 잘라준다.

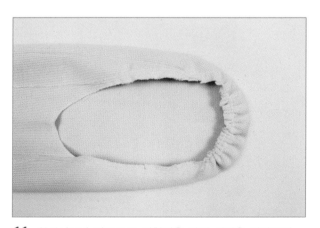

11 완성선보다 안쪽으로 시침질을 하여 셔링을 잡아준다.

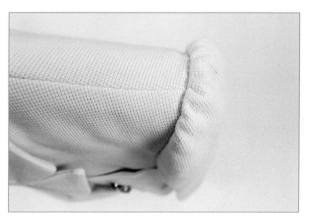

12 분리한 몸판의 어깨와 소매를 연결하여 양쪽 어깨의 셔링이 균형있게 잡혔는지 확인하고, 다림질하여 마무리한다.

⊕ 바지 주름 없애기 − 디자인 변경하기

1 주름이 있는 정장 바지를 준비한다.

2 앞주름이 한 개 있는 바지

3 허리와 몸판의 일부분과 몸판의 바깥쪽을 분리한다. 주머니와 벨트도 분리하여 잘 보관한다.

4 전체컷(앞)
★ 지퍼쪽으로 너무 많이 분리하지 않도록 주의한다.

5 전체컷(뒤)

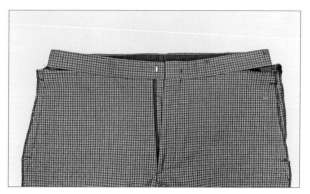

6 바지에 잡혀있던 주름을 펴서 잘 다려준다.

7 바지의 주름분으로 잡혀있던 양을 확인한다.

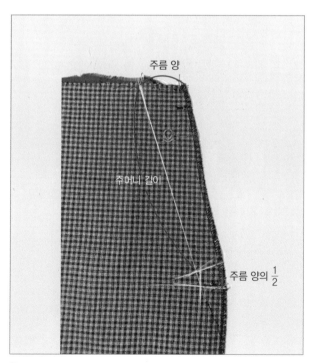

주름 양

주머니 길이

주름 양의 $\frac{1}{2}$

8 표시된 부분을 재단한다.

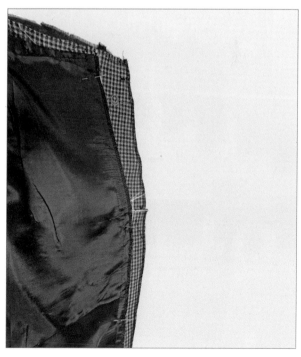

9 반대편의 앞판을 마주 보게 덮은 다음 시침핀으로 잘 고
정해준다.

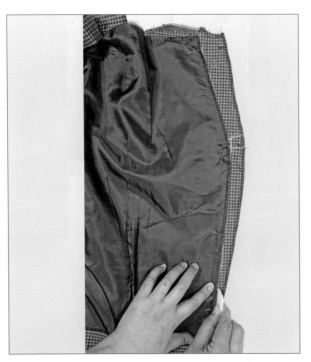

10 덮은 원단을 따라 자연스럽게 선을 그어준다.

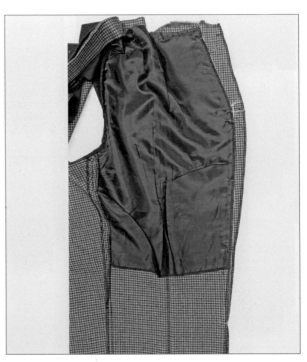

11 자연스럽게 선이 그어졌는지 확인한다.

12 앞판의 안쪽이 서로 마주 보게 겹친 다음, 그려놓은 선을 따라 두 장을 함께 잘라준다.

13 겹쳐진 안쪽의 모습

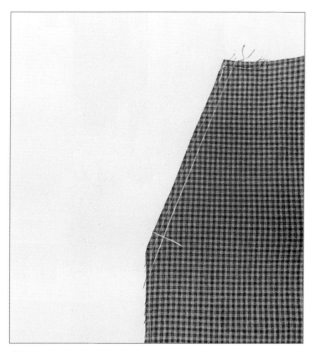

14 분리한 주머니를 부착할 위치를 확인한다.

15 몸판의 안감이 움직이지 않게 완성선보다 안쪽으로 박아 고정해준다.

16 움직이지 않게 안감을 고정해준 겉감의 모습

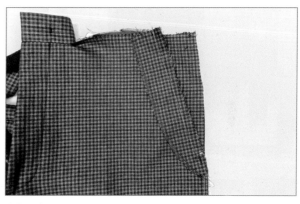

17 주머니의 안단을 달아준다.

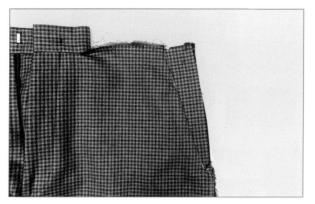

18 상침으로 안단을 고정해준다.

19 안쪽의 모습

20 분리한 몸판을 완성선에 맞춰 박아준 후 가름솔을 한다.

21 가름솔이 완료된 주머니 부분의 확대컷

22 주머니를 시접에 고정시켜준다.

23 주머니를 단단하게 고정하기 위해 바텍을 박아준다.

24 바텍이 박아진 부분의 안쪽

25 위치에 맞게 벨트를 넣어주고 분리한 허리와 몸판을 연결한다.

26 바지의 밑단도 고정시킨 후 잘 다려서 완성한다.

⊕ 후드티를 칼라티로 만들기 – 디자인 변경하기

1 후드티를 준비한다.

2 몸판과 모자 부분을 분리한다.

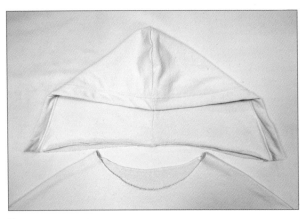

3 몸판의 실밥을 제거해준다.

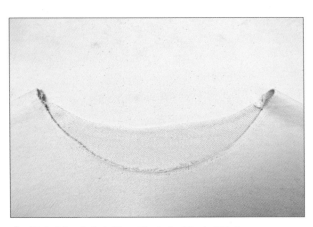

4 원단이 늘어나지 않고 잘 펴지도록 다려준다.

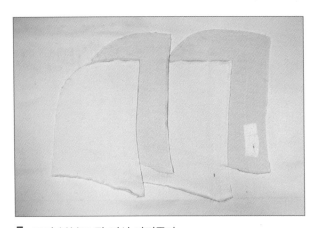

5 모자 부분도 잘 펴서 다려준다.

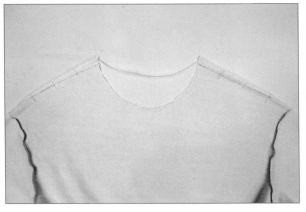

6 모자가 달린 디자인의 옷은 네크라인의 사이즈가 다르다.

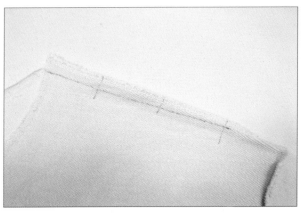

7 늘어나지 않게 잘 다려준 어깨선 옆 목점에서 어깨 끝점까지를 4등분하여 네크라인의 사이즈를 줄인다.

8 오버로크로 시접을 정리한다.

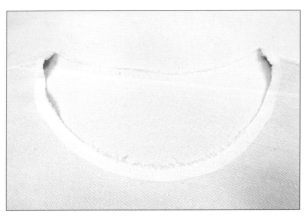

9 늘어나지 않도록 식서 테이프를 붙인다.

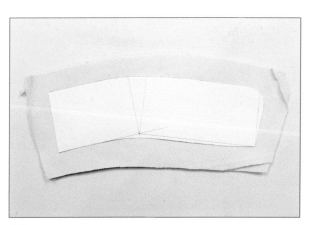

10 겉칼라와 속칼라를 만들기 위해 시접이 없는 패턴을 이용하여 시접을 두고 자른다.

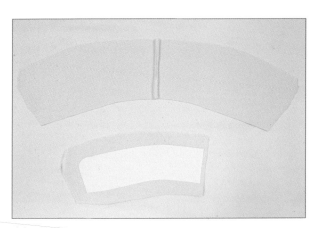

11 칼라의 중심 부분을 각각 이어준다.

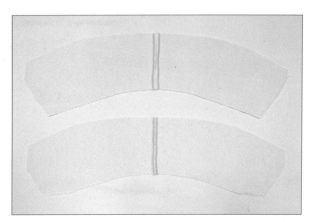

12 이어준 시접은 가름솔 처리한다.

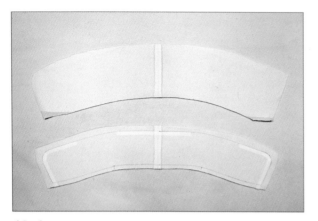

13-1 완성선 안쪽에 심지를 부착한다.

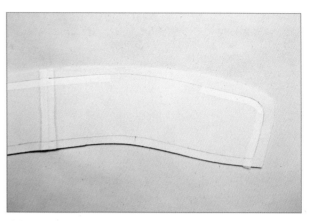

13-2 심지를 부착한 모습

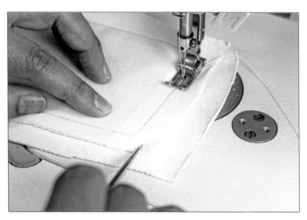

14 칼라의 겉면을 서로 마주 보게 하여 박아준다.

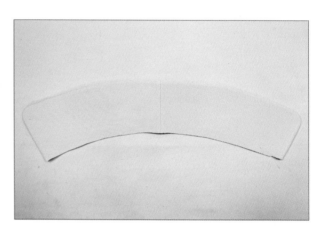

15 다 박아준 후 시접은 0.5cm 너비로 전체를 잘라 정리 해준다.

16 칼라와 몸판을 부착한다.

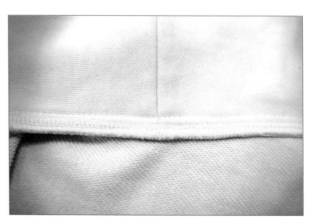

17 오버로크 처리를 한다.
★ 시접의 정리는 바이어스 처리도 가능하다.

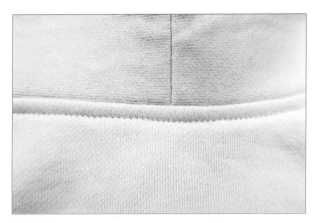

18 0.5cm 너비의 상침 스티치로 마무리한다.

19 모양이 잘 잡히도록 다림질하여 정리한다.

20 완성한 모습

🔘 블라우스 소매를 셔링 캡소매로 만들기 – 디자인 변경하기

1 기본적인 어깨선의 소매를 준비한다.

2 어깨와 소매를 분리한다.

3 분리한 몸판과 소매의 모습

4 몸판의 실밥을 정리해주고 어깨 부분과 소매를 잘 펴서 다려준다.

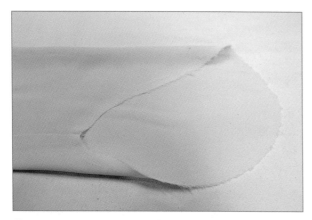

5 늘어나지 않게 잘 다려준 소매의 모습

6 바이어스와 소매를 재단하여 준비한다.

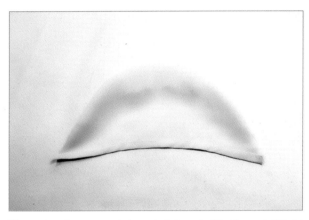

7 소매 끝은 0.5cm 너비로 바이어스 처리를 하고, 어깨와 연결한 부분은 셔링을 잡아준다.

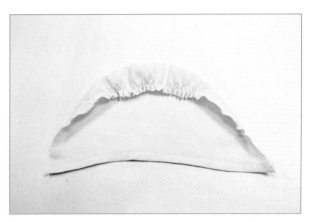

8 셔링을 잡아준 소매의 안쪽 모습

9 몸판과 소매를 연결한다.

10 셔링이 잘 잡혔는지 확인한다.

11 바이어스를 둘러준다.

12 바이어스로 둘러준 부분을 안쪽으로 놓이게 하여 겉에서 상침한다.

13 소매 양쪽이 균형에 맞게 잘 달렸는지 확인한다.

⊞ 블라우스 소매를 튤립 소매로 만들기 - 디자인 변경하기

1 기본적인 어깨선의 소매를 준비한다.

2 어깨와 소매를 분리한다.

3 분리한 몸판과 소매의 모습

4 몸판의 실밥을 정리해주고 어깨 부분과 소매를 잘 펴서 다려준다.

5 늘어나지 않게 잘 다려준 소매의 모습

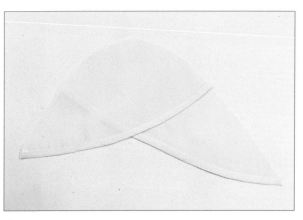

6 튤립 소매 패턴을 이용하여 재단하고, 소매 끝부분은 0.5cm 너비로 바이어스 처리한다.

7 어깨와 소매를 연결한다.

8 진동에 바이어스를 둘러주고, 둘러준 부분을 안쪽으로 놓이게 하여 겉에서 상침을 한다.

9 양 소매의 모양이 위치에 맞게 균형이 잡혔는지 확인한다.

패턴 활용

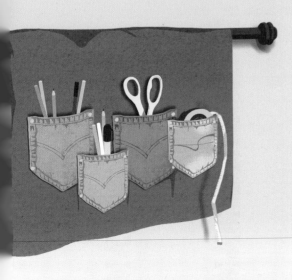

스탠 칼라(soutien collar)

⊕ 방법 1

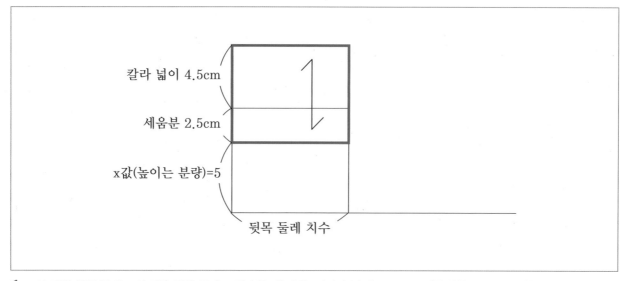

칼라 넓이 4.5cm

세움분 2.5cm

x값(높이는 분량)=5

뒷목 둘레 치수

1 X의 값은 앞목 둘레, Y의 값은 뒷목 둘레로 치수를 잰 다음, 칼라의 넓이는 4.5cm, 세움분은 2.5cm로 정한다.

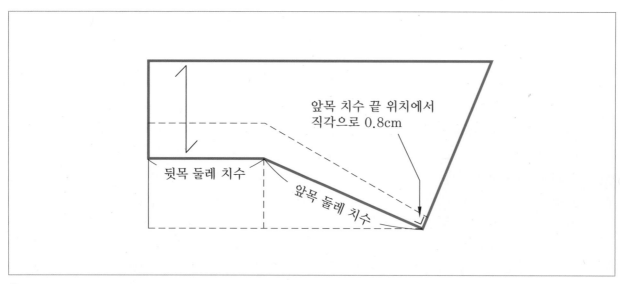

앞목 치수 끝 위치에서 직각으로 0.8cm

뒷목 둘레 치수

앞목 둘레 치수

2 그림과 같이 해당 치수에 맞는 사이즈로 제도를 한다.

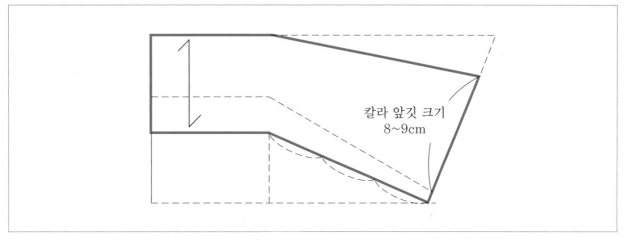

3 일반적으로 칼라 앞깃의 크기는 8~9cm가 적당하며, 개인의 기호에 따라 조절 가능하다.

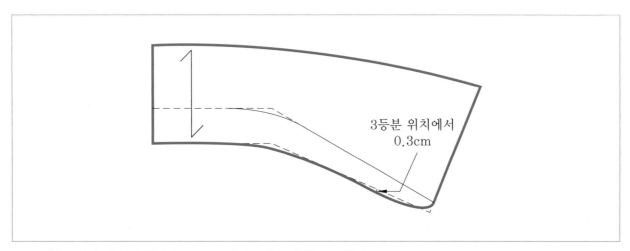

4 그림에 표시된 3등분의 위치에서 0.3cm 아래로 내린 지점을 표시한다.

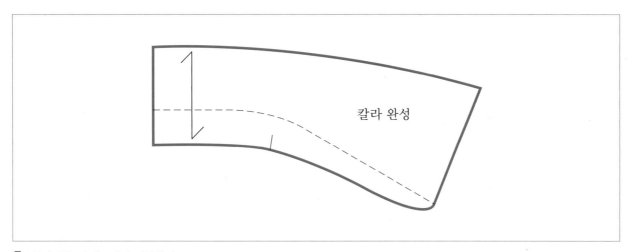

5 완성선을 자연스럽게 정리한다.

⊕ 방법 2

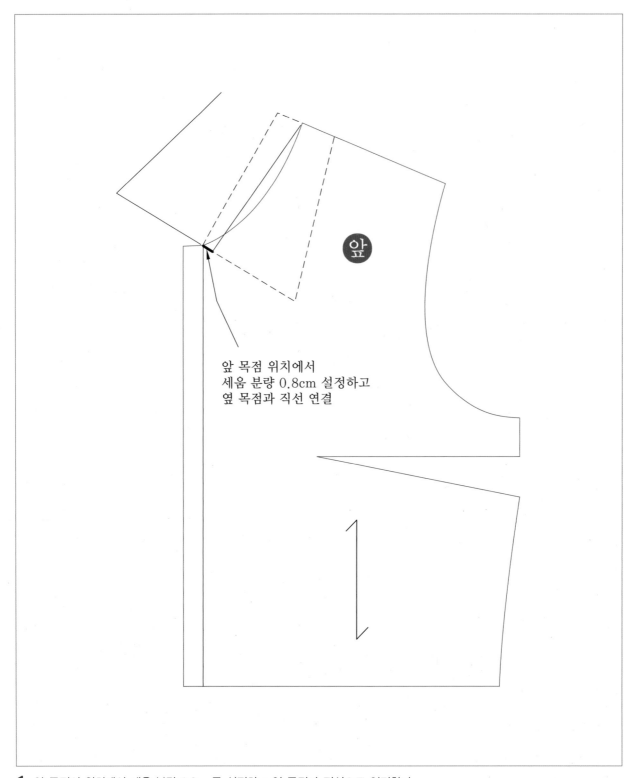

앞 목점 위치에서
세움 분량 0.8cm 설정하고
옆 목점과 직선 연결

1 앞 목점의 위치에서 세움 분량 0.8cm를 설정하고 옆 목점과 직선으로 연결한다.

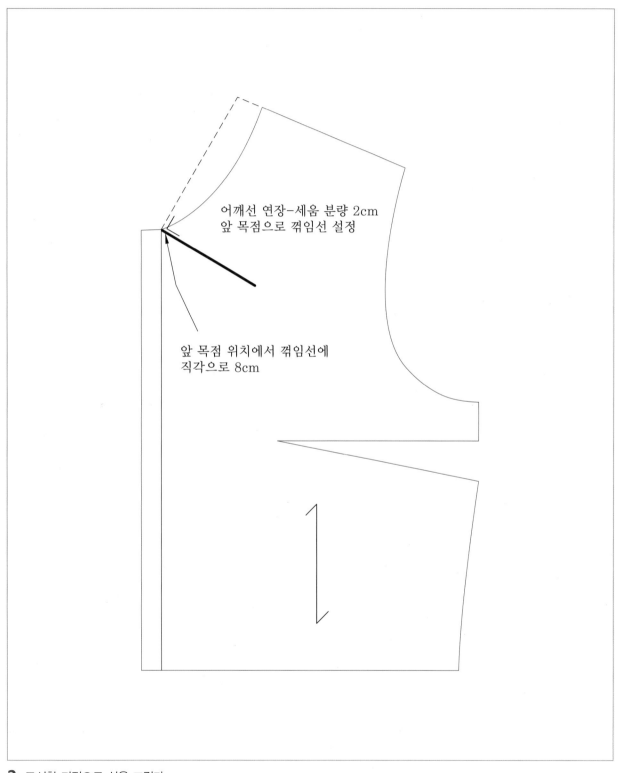

어깨선 연장-세움 분량 2cm
앞 목점으로 꺾임선 설정

앞 목점 위치에서 꺾임선에
직각으로 8cm

2 표시한 지점으로 선을 그린다.

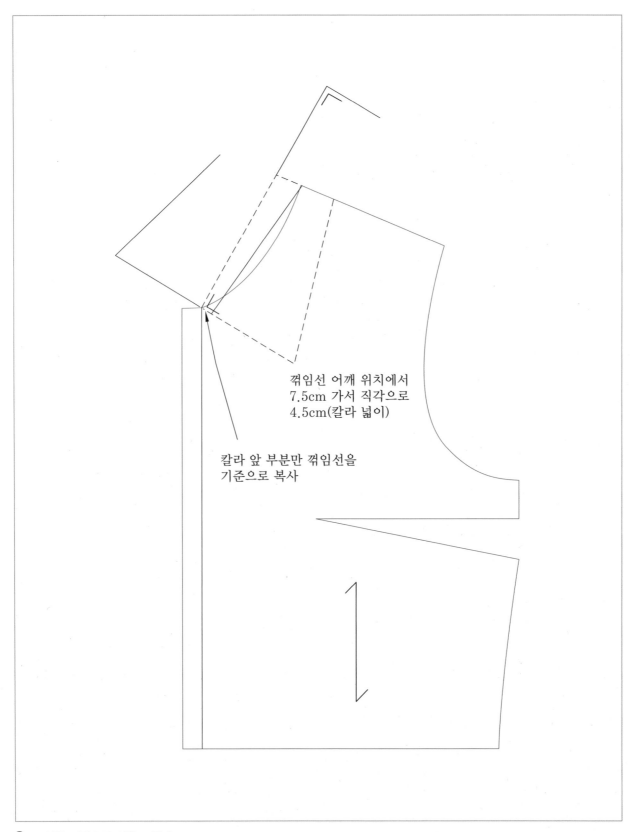

꺾임선 어깨 위치에서
7.5cm 가서 직각으로
4.5cm(칼라 넓이)

칼라 앞 부분만 꺾임선을
기준으로 복사

3 표시한 지점으로 선을 그린다.

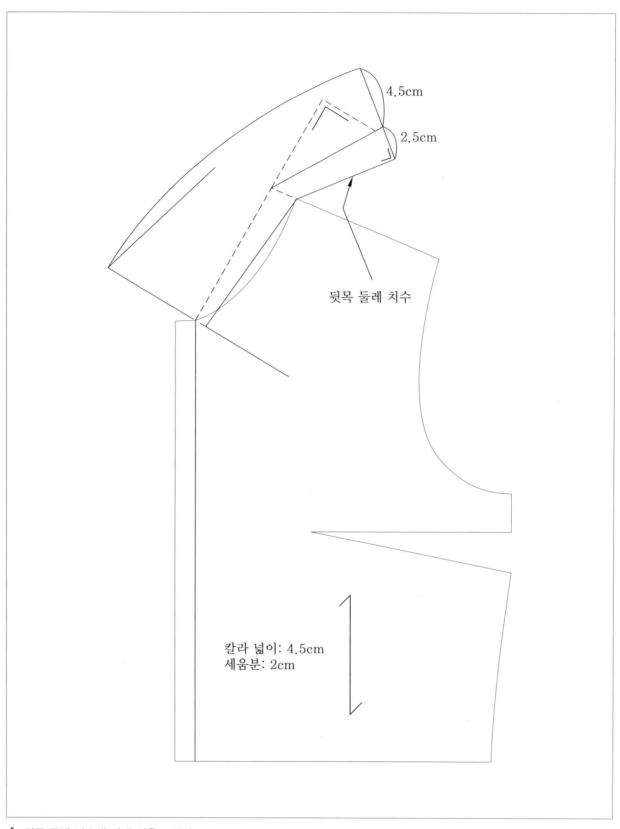

4.5cm

2.5cm

뒷목 둘레 치수

칼라 넓이: 4.5cm
세움분: 2cm

4 뒷목 둘레 치수에 맞게 선을 그린다.

옆목 어깨선 곡선 정리
앞 목점 칼라 끝 곡선 정리

5 자연스럽게 곡선으로 선을 정리한다.

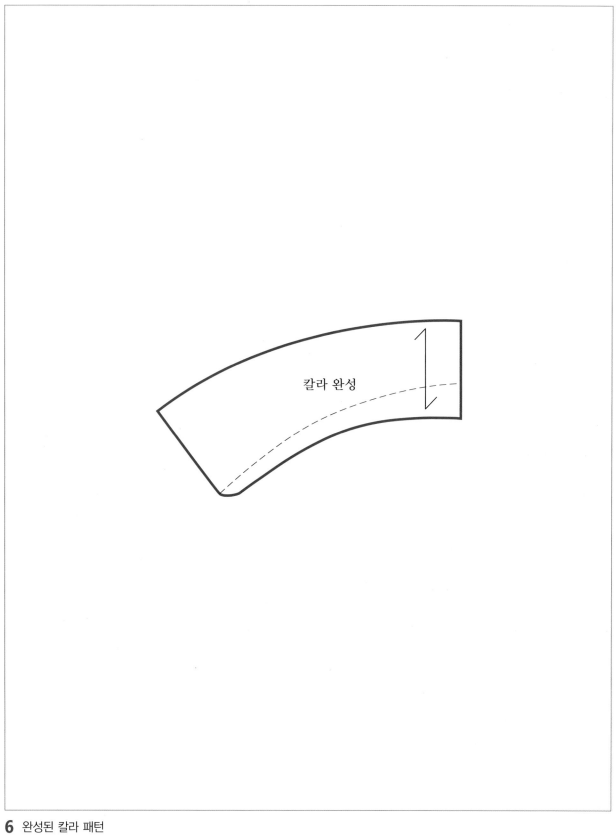

칼라 완성

6 완성된 칼라 패턴

셔링 소매(puff sleeve)

※ 본 페이지에서는 기본적인 퍼프 소매의 패턴에 대해 안내하고 있습니다. 리폼 파트에 게재된 셔링 캡소매와는 형태에 차이가 있으니 참고하시기 바랍니다.

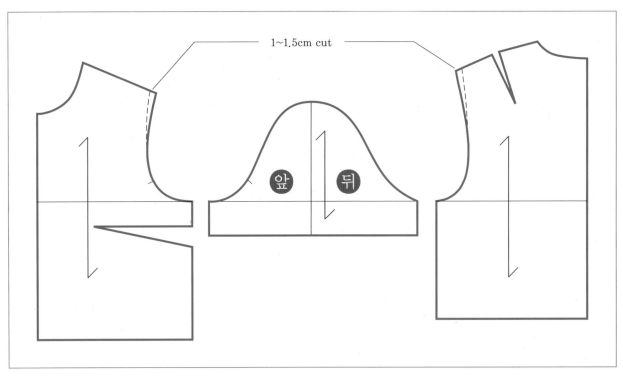

1 소매 패턴을 준비한다.

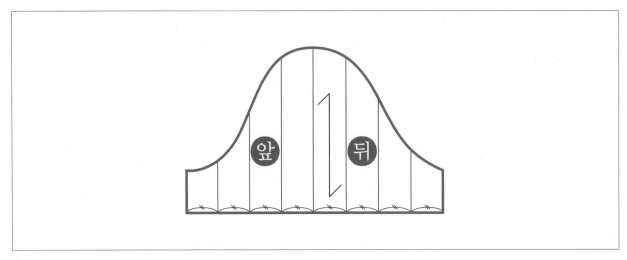

2 그림과 같이 등분하여 절개선을 설정한다.

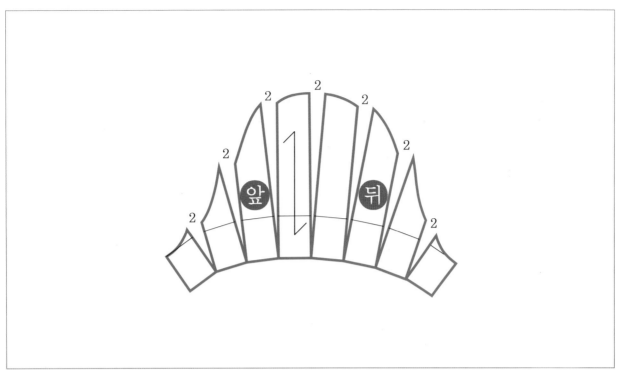

3 절개선 사이는 2∼3cm 정도로 벌려 퍼프 분량을 정한다.

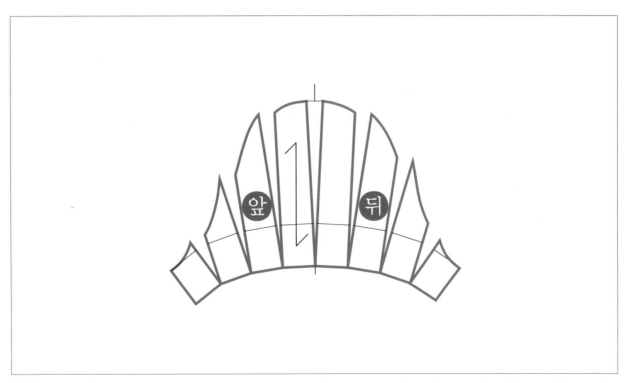

4 소매의 진동둘레선을 정리하기 위해 그림과 같이 소매산 중심에서 3cm 지점을 표시하고, 소매 밑단은 중심에서 1cm 지점을 내려 표시한다.

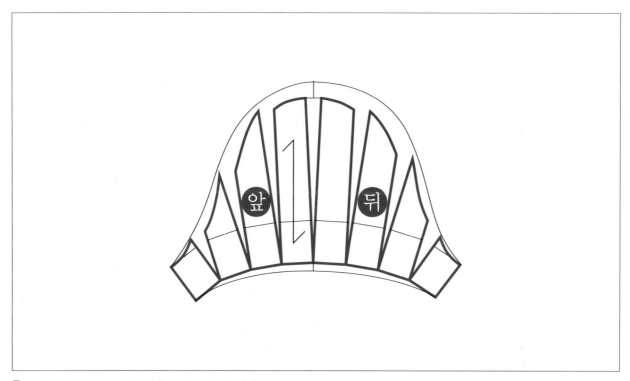

5 표시한 지점으로 자연스럽게 완성선을 정리한다.

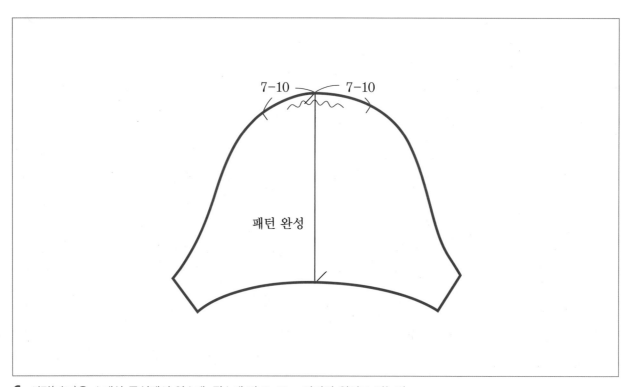

7-10   7-10

패턴 완성

6 셔링(퍼프)은 소매산 중심에서 앞소매, 뒷소매 각 7~10cm까지의 위치로 잡는다.

튤립 소매(petal sleeve)

※ 본 페이지에서는 기본적인 튤립 소매의 패턴에 대해 안내하고 있습니다. 리폼 파트에 게재된 튤립 소매
와는 형태에 차이가 있으니 참고하시기 바랍니다.

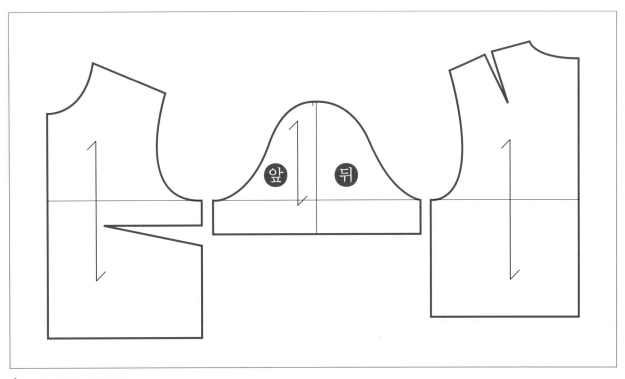

1 소매 패턴을 준비한다.

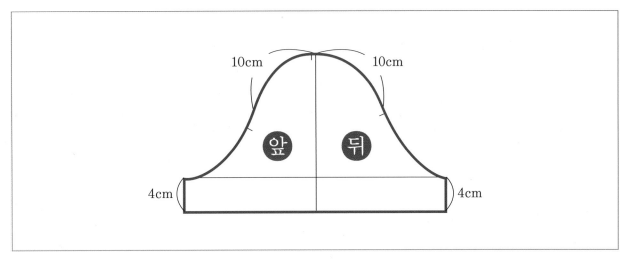

2 소매산의 끝점에서 양쪽으로 10cm 떨어진 지점을 표시한다.

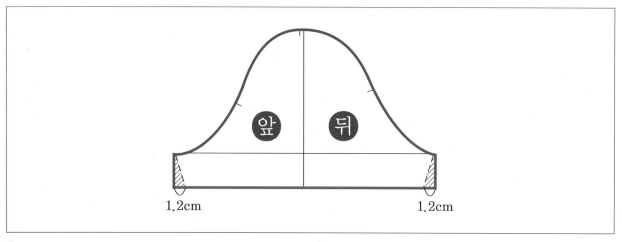

3 끝단의 지점을 1.2cm 들여 넣는다.

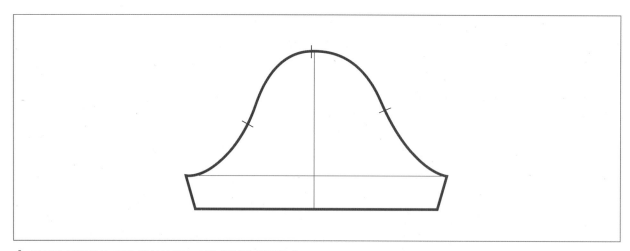

4 표시한 지점으로 그린 완성선으로 소매 원형을 준비한다.

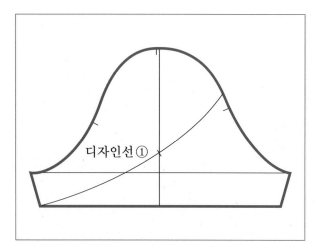

5 표시된 것과 같이 첫번째 디자인선을 그린다.

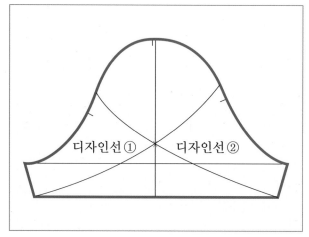

6 두 번째 디자인선을 그린다.

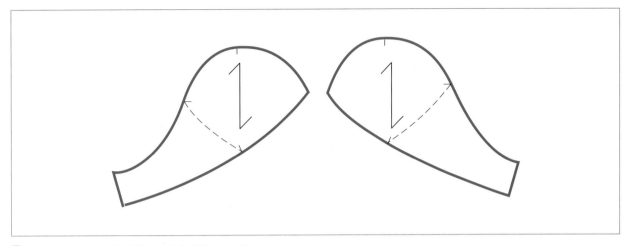

7 각각의 디자인선에 맞춰 두 개의 패턴으로 나눈다.

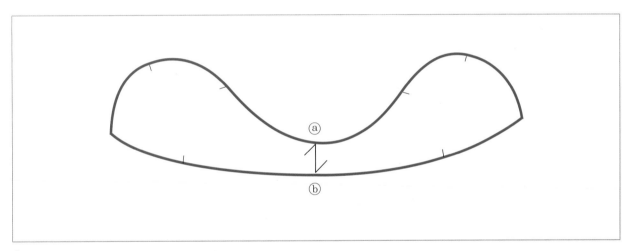

8 옆솔기 a와 b 부분을 맞춰 선을 정리한다.

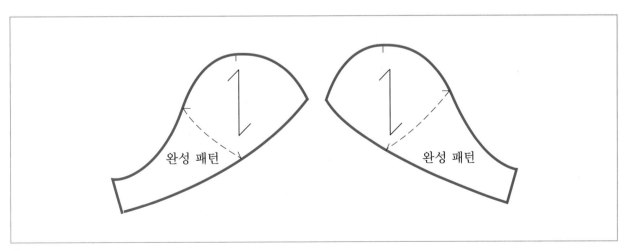

완성 패턴　　　　　완성 패턴

9 완성된 소매 패턴

옷 수선 스쿨

2020년 7월 10일 1판 1쇄
2025년 2월 10일 2판 1쇄

저자 : 윤희경
펴낸이 : 남상호

펴낸곳 : 도서출판 예신
www.yesin.co.kr

(우) 04317 서울시 용산구 효창원로 64길 6
대표전화 : 704-4233, 팩스 : 335-1986
이메일 : webmaster@iljinsa.com
등록번호 : 제3-01365호(2002.4.18)

값 **24,000원**

ISBN : 978-89-5649-185-1